青春文庫

イヌが喜ぶ106の裏ワザ

ペット生活向上委員会[編]

JN263318

青春出版社

はじめに　もっともっと仲良くなれる裏ワザ満載！

愛らしい姿や仕草で私たちの心を和ませてくれるペット。なかでもイヌは人間に従順で飼いやすく、常に人気の高いペットだ。

でも、いくらかわいくて飼いやすいとはいえ、イヌはぬいぐるみではない。毎日散歩をさせたりカラダの手入れをしてあげたり、しつけもしっかりしなければならない。健康管理も重要なポイントだ。ストレスは溜まっていないか、エサの選び方はまちがっていないかなど、愛犬への心配はつきないものである。

しかし、そうしたことが飼い主の重荷となってしまっては、かわいいイヌとの関係もギクシャクしてしまう。

そこで本書では、イヌの世話をしながら飼い主がつきあたる「こんなとき、どうするの？」をズバリ解決する、とっておきの裏ワザを紹介している。たとえば、噛みグセやムダ吠えをやめさせるにはどうしたらいいのか、主人に逆らうイヌをおとなしくさせるコツとは、そしてイヌに上手に薬を飲ませる裏ワザなど、飼い主はもちろん、イヌも喜ぶ内容となっている。

これらの裏ワザをマスターすれば愛犬との関係がよりいっそう深くなって、もっと仲良くなれるはずである。

２００４年１月

ペット生活向上委員会

イヌが喜ぶ106の裏ワザ■もくじ

Part1
もっともっと賢くなれる！「しつけ」の裏ワザ

Part2

もっともっと可愛くなれる！「お手入れ」の裏ワザ

Part3

もっともっと仲良くなれる！「コミュニケーション」の裏ワザ

Part4

もっともっと元気になれる！「ヘルスケア」の裏ワザ

ブックデザイン　坂川事務所
カバー写真　オリオンプレス
本文イラスト　池田須香子
ＤＴＰ　ハッシィ
制作　新井イッセー事務所

Part 1

もっともっと賢くなれる！「しつけ」の裏ワザ

イタズラをやめさせる効果的な叱り方

イヌを飼っていて、どうしたらいいのか、ときどき戸惑ってしまうのがしつけだろう。イタズラをしたらその場で叱らなければならないとわかっていても、1日中愛犬の後をついて歩くわけにもいかないし、かといってイタズラを叱らなければイヌはますます言うことをきかなくなってくる。

それに飼い主の手の届かないところでイタズラをするのがイヌには楽しいらしく、ゴソゴソ音がするので思わず振り返ってみたら、テーブルの上に乗って買い物袋に顔を突っ込んでいたなんてことがよくある。

このとき飼い主が大声で怒りながら駆けつけると、イヌは「マズイところを見つかってしまった。急いで逃げないと叱られる」とあわててテーブルから飛び降りるだろう。

飼い主はそれで叱ったつもりなのだろうが、問題はイヌがテーブルの上に乗っていたことを悪いこととは感じていないことだ。飼い主がまたどこかへ行ってしまえば同じことを繰り返すに違いない。これでは何のためにすっ飛んでいって叱ったのかわからない。

こういうときは、こんなふうにして叱ろう。それはイヌに「今やっていることは悪いことなので天罰が下った」と思わせるやり方だ。これならいくら鈍感なイヌにでも効果がある。

やり方はいたって簡単だ。イヌの方を見ないで手近なところにある雑誌などを放り投げるだけ。もちろんイヌを驚かせるのが目的だから、間違ってもイヌに当たってケガをさせるようなものは投げてはいけない。

イヌはテーブルの上に乗ると、突然空から何かが自分の上に落ちてきたから「ここは乗ってはいけない危険な場所」と感じとり、急いでテーブルから下りて二度と同じ場所には近づかなくなるのである。

ムダ吠えは、この秘密兵器でピタリと止まる

ペットとして飼っていてもイヌは家族同様に頼もしいパートナーの1人である。

その証拠に何か物音がすれば即座に番犬となって「ワンワン」と吠えて〝警戒警報〟を発令してくれる。

ところが玄関のチャイムが鳴っただけで、あるいは家の外で子どもたちの声がしただけで狂ったように吠えることがある。こうしたイヌのムダ吠えを静めるのは愛犬家にとってもひと苦労だろう。

たとえばイヌの専門書などを読むと『ムダ吠えは大きな声で叱ってはならない』と書いてある。飼い主が大声で叱ると、イヌは「自分のご主人も一緒になって不審な物音に興奮している！」と勘違いしてしまうらしい。叱れば叱るほどますます吠えまくるというわけだ。

ムダ吠えをするイヌをたちどころに黙らせるにはこの裏ワザを使うのが一番手っ取り早い。それは吠えたときに霧吹きで、シュッと水を顔にひと吹きしてやるだけでいいのだ。

このとき飼い主は黙ったまま知らん顔してやるのがコツ。霧をかけられてビックリしたイヌは急に吠えるのをやめるはずで、また吠え出したら同じことを繰り返してやればいいのだ。

イヌはチャイムが鳴って吠える度に「吠えると何やら不快な目に遭う」と感じとるので、そのうち吠えるのをやめてしまう。

イヌにとっては何ともハタ迷惑な話かもしれないが、言葉を持たないイヌにいい聞かせる簡単で効果的な方法なのである。吠えたらすかさず試してみてはいかがだろうか。

大切なものをガリガリかじる子イヌの対処法

子イヌを飼い始めてまず驚くのは、口に入るものは何でも噛んでしまうこと。タオルや雑巾ならまだいいが、これが大切に使っているソファやテーブルの足までガリガリかじり出すと困ったことになる。

飼っている子イヌがものを噛むのはイタズラ好きだからというわけではない。理由は、イヌの歯が人間と同じように乳歯から永久歯に生え替わるときのカラダの仕組みにある。

成長過程にある子イヌの口の中は、抜けそうな歯や新しく生えてくる歯がむずがゆい状態になっており、噛みやすそうなものを見つけると手当たりしだいに何でも噛んでしまいたくなるのだ。

しかし飼い主にしてみれば、大切な家具などは絶対に噛んでほしくないものである。こういうときは噛まれたくないものにタバスコやレモン汁などを塗ってしまうといい。

たとえばタバスコをテーブルの足に塗っておくと、これを噛んだ子イヌの口の中は激辛の味で満たされて、よほど鈍感なイヌでない限りもう二度とテーブルの足を噛まなくなるはずだ。同じようにレモン汁を塗れば酸っぱい味がするからやはり一度でやめるだろう。

この方法のいい点は、タバスコやレモンなら少しぐらいイヌの口に入ってもカラダの害にならないこと。それにどちらを家具に塗ってもカビが生えたりしないし、大切な家具を大きく傷める心配もない。

ものを噛ませないしつけも大切だが、子イヌの場合は口の中がむずがゆいという生理的な欲求があるので、できれば噛むオモチャを与えて遊ばせてあげるなど十分な愛情を注いであげることも大切だ。

ウンチを食べるクセは〝味付け〟で直す

欲しかった子イヌをやっと手に入れてペットショップから連れ帰ってみたら、そのイヌが自分のウンチを食べてしまった。しかも、あろうことか散歩のときにほかのイヌのウンチまで食べそうになった――。飼い主にとって、これは相当ショックな出来事だろう。

なにしろ、人間にとってはウンチは汚い存在でしかない。自分のウンチでもそう思うのに、ほかのイヌがしたウンチなんて考えもつかない行動である。

しかし、イヌにとっては特に変わったことではない。今でも野生で暮らしているイヌの仲間たちはウンチを食べることがわかっているし、生まれたばかりの子イヌのウンチは母イヌが食べてしまうこともよく知られている。

この「食糞行動《しょくふん》」は子イヌに多く見られる行動で、生後7～8カ月ごろまでにはおさまることが多いが、飼い主が対処を誤るとそのクセが残ってしまうので注意が必要だ。やめさせるためには、ウンチにイヌの嫌いな〝味〟をふりかけることが効果的である。

イヌは辛い、酸っぱい、苦いなどの味が嫌いなので唐辛子やタバスコ、コショウ、酢、レモン汁などをかけておくと、「ウンチを食べると嫌なことが起こる」と学習して食べなくなるはずだ。

ただし、それとともに動物病院を受診することも忘れてはいけない。子イヌがウンチを食べる原因として、消化不良などからくる栄養不足を補うために食べているということが考えられるからだ。たまに寄生虫がいることもあるので、早めに対処したほうがいい。

飼い主の顔をペロペロ舐めるのはイヌの愛情表現のひとつ。それを受け入れるためにも、ウンチを食べるクセは早めに直しておこう。

スリッパや靴を隠すクセを直す意外な手段

子どもがイタズラの天才であるように、子イヌもまたイタズラの天才だ。戸棚の奥にしまっておいたものを引っ張り出してきたり、ゴミ箱をあさってみたり、うっかり閉め忘れた押し入れにもぐり込んでみたり……。子イヌにとっては家の中もワンダーランドに見えるのだろう。

そんな数ある子イヌのイタズラの中では「ものを隠す」ことは一見害が少ないように思えるが、実はそうでもない。

スリッパや靴など日常生活で必ず使うものを隠されると大変だ。いざ会社に行こうとしたら靴がないというのは困りものである。

イヌがものを隠すのは野生時代の名残りだといわれている。群れを作り共同で狩りをして暮らしていたイヌの祖先は、穴を掘って食べ残した獲物を貯蔵していたらしい。愛犬が飼い主にもらった骨などをせっせと庭に埋める仕草を見たことがある人も多いだろう。

スリッパや靴などの場合、飼い主のニオイがついているところがお気に入りの理由だという説があるが、「そんなにオレのことが好きなのか～」と笑って済ませられることではない。

対処方法としては、スリッパや靴をくわえたところを発見したらまず「いけない！」と叱ることだ。

イヌは現行犯でないと「なぜ叱られたのか」を理解できないので、必ずその場で叱ることが大切なのだ。

そして、意外な効力を発揮するのはイヌではなくてくわえたもののほうを叱ることだという。

イヌの見ている前でスリッパなどに向かって「こらっ！　くわえちゃダメって言ったでしょ！」とジェスチャーを交えながら繰り返すと、イヌはそれに対して興味を示さなくなるらしい。

他人に見られるとちょっと恥ずかしい行動だが、それだけで隠しグセが直るのなら、試してみる価値はありそうだ。

くわえたものを一瞬で放させる㊙テクニック

当然のことだが、イヌには手がない。「オテ」などというが、あれは前足である。だからオモチャで遊ぶときや飼い主が投げたボールを持ってくるときなどは、口にくわえることになる。

イヌ用の縄や布でできたオモチャで遊んでくれているうちはまだいいのだが、イヌは飼い主のスリッパやうっかり置き忘れた財布など、いろいろなものをオモチャにするので困ることがある。しかも取り上げずにそのままにしておくと、ますます事態は悪化していってしまう。イヌには監守本能というものがあって自分のものと決めたものは〝他人〟に取られないように守ろうとするので、そのまま遊ばせておくと返してもらうのが大変になるのだ。

「わーん、カルティエの財布、高かったのに～」などと後で泣かないように、そんなクセのあるイヌに有効な方法を覚えておこう。

まず、イヌを立たせ、リードをつける。飼い主はイヌの好きなオモチャを投げ、イヌがオモチャをくわえたらリードを引く。戻ってきたら「よしよし、いい子だ」と言ってうんと誉めてやった後、しばらくリードを引っ張ったり、引っ張られたりして遊んでやるのである。その後、くわえたオモチャと引き換えにおやつを与えよう。

これを何回も繰り返し、イヌが「くわえているものを放せば、いいことがある」と思えばしめたものだ。たとえ飼い主の大事なものをくわえたとしても、この方法で必ず放すようになる。

また、これができるようになったら「持って来い」と声をかけてしつけるようにすると、新聞や雑誌などいろいろなものを持ってこさせることも可能だ。

イヌには叱るよりもだます方法が有効のようである。

呼んだらすぐ来るイヌにしつける方法

いつも同じコースを散歩するだけではかわいそうだと思い、たまに河川敷などの広い場所に連れて行ってやるとイヌはシッポを振って大喜びする。

せっかくだからここでちょっとリードを放して、思いっきり駆け回らせてやりたいと思うのが飼い主の心情だろう。イヌはいつも狭いところで暮らしているだけに、河川敷などはストレス解消の格好の場所に違いない。

だが、リードを放してやると困ったことになる。日ごろは呼べばどこにいてもすっ飛んでくるイヌが解放されて興奮しているためか、勝手に好きなところを駆け巡ったりして飼い主が呼んでも戻ってこなくなることがあるのだ。

このときイヌを追いかけようものなら、追いかけっこでもしていると勘違いするためか、もっと飼い主から離れて遠くへ行ってしまうことすらある。

こういうときは、まずあわてないことが肝心だ。どうするのかというと、愛犬の名前を呼びながらイヌとは逆方向に走るのである。

そうするとイヌは何かあると思い、飼い主が行こうとしている方向に向きを変えて走り出して戻ってくるだろう。

もうひとつの方法は、愛犬の名前を呼びながら飼い主が隠れてしまうやり方。イヌは自分の名前を呼ばれて振り返ってもご主人がいないため急に不安になり、「こりゃ大変だ！」とばかりに呼ばれたところに急いで駆け戻ってくるはずだ。

戻ってきたら叱らずに必ず誉めてあげることが大切。もしここで叱ってしまうとイヌは「帰ってくると怒られる」と思い、飼い主のせっかくの努力も逆効果になってしまう。

子イヌの夜鳴きには、このアイテムが効く

テレビのコマーシャルではないが、待ちにまった子イヌが我が家にやってきたらパパならずとも家族の誰もが大歓迎するに違いない。子イヌ特有の愛くるしい眼差しを投げかけながら、チョコチョコと部屋の中を走り回る姿に目を細めずにはいられないだろう。

問題は初めて迎える夜である。

生後間もない子イヌが母イヌやブリーダーの手を離れて独りぼっちで眠らなければならないのだ。子イヌによっては母親や仲間を求めて「クゥン、クゥン」と淋しげな鳴き声をあげることも多い。

いよいよここから独り寝のしつけが始まるのだが、飼い主は心を鬼にしようとしてもやはり子イヌの鳴き声には弱いものである。そこで登場する裏ワザが、コチコチと音がする目覚まし時計だ。

まず、子イヌの寝床を暖かくしてあげよう。それから目覚まし時計をタオルにくるみ、子イヌの傍らに置いてやる。

時計の音は心臓の音に似ているため仲間がいると思うのか、いつの間にか瞼《まぶた》がトロンとし始めて安心して眠ってくれるはずだ。これを２～３日繰り返してやれば夜鳴きすることもなくなる。

また、子イヌによってはつけっぱなしのラジオを枕もとに置いてやることで夜鳴きがやむことがある。

目覚まし時計やラジオには鳴く子も黙る効果があるのだ。

来客に吠えるイヌを静かにさせるコツ

雄イヌが散歩のときに電信柱にオシッコをかけるのは「ココはオレ様のテリトリーだぞ！」という意味であるのは周知の事実だ。イヌには自分の縄張りを主張する習性がある。

室内で飼っているイヌが来客に対して吠えるのも、同じ理由だ。イヌは「自分の縄張りに怪しいヤツが来た！」と言って吠えているのである。しかし、セールスマンならまだしも自分の親しい友人や大切な客だった場合、飼い主としてはそんなに吠えられると困ってしまう。

こんなときは「スワレ」「マテ」と命じてイヌを落ち着かせることが基本だが、それでも吠えるのをやめないイヌには「おやつ作戦」を実行しよう。

「おやつ作戦」とは、客からおやつを与えてもらう方法だ。

まずイヌが来客に対して吠えるのをやめない場合、厳しく叱りつける。そして吠えるのをやめたらたくさん誉めてやるようにする。その上で客からおやつを与えてもらうのだ。

来客のたびにそれを繰り返すことでイヌは「お客さんが来ても吠えなければ、いいことがある」と学習し、だんだんと吠えなくなるはずだ。

むやみやたらと吠えない自慢のイヌに変身したら、飼い主もイヌもますます来客が楽しみになるに違いない。

失敗しないトイレのしつけ方

子イヌが我が家にやって来るというのは、なんとなく心がウキウキするものだ。ぬいぐるみのようにかわいい子イヌを連れて帰途につきながら、これから始まる子イヌとの楽しい日々を思い浮かべて思わずニンマリしてしまったりする。

ところが、子イヌとの生活は思い描いていたようにうまくいかないことも多い。そのひとつがトイレのしつけの失敗だろう。

本来子イヌのトイレのしつけは離乳食を食べ始めたころから行うのがいい。しかし、ペットショップなどではケージ内いっぱいにペットシーツを敷き詰めてあり、子イヌに決まった場所で排泄する習慣をつけていないところも多いため、飼い主がイチからしつけを始めなければならないケースが圧倒的だ。

しかも、子イヌは新陳代謝が激しいだけに成犬に比べて排泄回数が多い。また、オシッコなどのニオイのついた場所をトイレだと思い込むため、一度トイレ以外の場所で粗相をしてしまうとかなり厄介なことになってしまう。

そこでトイレをしつけるときには、サークルを使った裏ワザをおすすめしたい。まずはペットシーツと寝床が置ける程度の大きさのサークルを用意しよう。サークルの下にはピクニックシートなどを敷き、奥に子イヌの寝床を配置する。ペットシーツの下には新聞紙を敷いておくとすべらなくていいようだ。あとは、排尿、排便するまでサークルに入れて出さないようにするだけである。

子イヌは主に寝起き、水を飲んだ後や遊び始め、食後などに排泄することが多いので、目安としてはこのタイミングでペットシーツの上に乗せ、トイレですることを覚えさせるのである。

トイレでうまく排泄できたら「いい子だね～」と思いっきり誉めてやることも大切だ。トイレのしつけは愛犬との平和な生活の第一歩といえるだろう。

苦手な「フセ」を覚えさせるカンタンな秘策

ペットとして飼っているイヌのかわいいところは、主人の命令に素直にしたがうところ。なかでも「フセ」は前足を少しずつぎこちなくずらしながら伏せていくため、その仕草がいかにも従順な気持ちを示しているように見えて、かわいさもひとしおだろう。

ところが、イヌにとってはマテやオスワリと違ってフセの姿勢は何ともやりづらく、苦手なものなのだ。

だから根気強く教えないとイヌはフセを覚えてくれない。イヌは伏せること自体が好きではないから、なかなか飼い主の思い通りにはならないのである。

いきおい飼い主のほうも力ずくでイヌを伏せさせてしまい、逆に「ウー」とイヌに唸られたり、場合によってはガブリと噛まれることすらある。

これを覚えさせるには、なるほどという裏ワザがある。それは飼い主がまず寝ころんでしまうのだ。そうするとイヌはそれに誘われて自分も寝ころんでしまうから、すかさず前足を押さえ、「フセ」と言うのである。

これを繰り返していると伏せることを自然に覚えるようになる。もちろんイヌによっては主人が寝ころんでも知らん顔している不心得者もいるから、そういうイヌには通用しないかもしれない。

それでも、意外とこのやり方は効果があるので一度試してみたいものである。

しつけの基本「マテ」を覚えさせるポイント

子イヌが最初に教わるしつけは「マテ」だろう。このマテは食事のたびに命令されることが多いので、食べ盛りの子イヌにとっては「また目の前にエサを置いてマテですか？」という表情を浮かべるから、覚えるまでは少々苦痛に思っているかもしれない。

なかにはいくら教えても、エサを前にしてしまうと居ても立ってもいられず、飼い主の制止を振り切ってガツガツ食べ始めてしまうイヌもいることだろう。

ただ、飼い主がイヌの行動を制止させるマテは、しつけの中でも基本中の基本。必ず覚えさせておいたほうがいいが、これはちょっとしたコツを押さえれば簡単にしつけられるのだ。

まず食欲が旺盛なイヌは食事時をわざと避けよう。いくらご主人に叱られるからといっても、ドッグフードの前では飼い主の命令も上の空でしか聞いていない。

そこで食事時間とは別にしつけの時間を用意する。このときは少量のおやつやドッグフードをエサとして与え、それでマテの練習を始めよう。空腹ではないのでイヌにとっても自制心が働きやすく、意外と効果があがるのだ。

もし命令を聞かずに食べてしまうようなことがあれば、すぐにイヌの頭を持ち上げて制止させ、少しでもガマンができたら「ヨシ」といって食べさせてあげよう。

コツは、このマテとヨシの間をしだいに長くとるようにすることだ。これを続けることができればイヌもキチンと覚えるようになり、食事のときでもガマンができるようになるはずである。

イヌに留守番させるときに知っておきたいこと

独りで留守番をさせられると部屋の中のものをかじったり、トイレ以外のところでオシッコをしたりウンチをしたりしてしまうイヌがいる。

人間から見るとこんなに「イケナイ子」もいない。仕事からやっと解放されて「やれやれ」と思って我が家に帰った途端、家の中の惨状を目のあたりにして「こらーっ」とイヌを叱り飛ばさなくてはならなくなったりする。

こんなイヌには「お出かけ前に無視する」ことを実行してみよう。

イヌと暮らしているとついイヌに話しかける習慣がつき、外出するときに「じゃあね、行って来るからね。いい子にしててね」などと言ってしまう人も多いだろうが、これは逆効果でしかない。

飼い主が出かけることがイヌにハッキリと伝わり、「また独りにされる」とかえって不安な気持ちになってしまうからだ。

孤独が苦手なイヌはいきなり独りにさせられると、不安を紛らわすためにものをかじったり、ところかまわずオシッコをしてしまうのである。

そこで出かける30分前ぐらいからはイヌを無視するようにし、どこかへ出かけると悟らせないことが大事である。

また、ラジオやテレビなどをつけっ放しにして絶えず人の声がする状態にしてやるのも、イヌの不安を解消するのに効果がある。

イヌとべったり暮らしているとより分離不安を感じやすいので、飼い主は日ごろから適度な距離を取ることを心がけたいものだ。

家族に吠えるイヌを静かにさせる秘訣

イヌが吠えるのにはさまざまな理由がある。

飼い主に対して「ねぇ、遊んで」という意思表示のこともあるし、道端を通りかかった宅配便の配達員への「近寄るな！」という警告ということもある。

また、必要以上にかまってくる人間に対する「あっちへ行ってよ～、お願い！」という気持ちの表れで吠えることもあるのだ。

しかし、家の中で一緒に暮らしている家族に対して激しく吠えるというのは、明らかに問題行動だ。

しかもイヌの横を通っただけで吠えられたとしたら、飼い主とイヌとの主従関係がくずれ、イヌが飼い主をリーダーと思っていない可能性が高い。

飼い主がイヌに何でも許してしまい主従関係をハッキリさせていないと、こういうことが起こる。

たとえば家族がふだんくつろぐリビングのソファにイヌが寝転がっていてもそのまま何も言わなかったり、夫婦が寝ているベッドにイヌが寝ていても「まぁ、いいか」などと見過ごしたりしているうちに、イヌは「最高の居場所を提供されている自分のほうが家族よりエライんだ」と思ってしまうのである。

このようなイヌを静かにさせるコツは、ズバリ「家族がくつろぐ場所には入れないこと」。つまり、イヌに家族よりも下位であることを悟らせるようにするわけだ。

本来イヌはリーダーの命令に従って行動する動物。リーダーがいないと思うとイヌのほうがリーダーになろうと思ってしまうため、早めに対処する必要がある。イヌを飼うときも子育て同様、ただかわいがるだけではダメなのである。

飼い主をリーダーと認識させる奥の手

イヌの祖先はリーダーを頂点とした群れで生活していたため、今でもイヌにはその習性が残っている。そんなイヌにとって自分が飼われている家庭は群れと同じなので、イヌは常にその中での順位づけを行っている。

この人は リーダー！
この人も… 自分より上
この人は …？
1
2
3
4

たとえば父親と母親のやりとりを見ていて「お父さんのほうが順位が上かな」と思ったり、子どもがいれば「この家の子どもはまだ小さいし、自分みたいにご飯をもらっているから順位は下かな」などと考えているのだ。

だから「かわいい、かわいい」とイヌを甘やかしていると、そのうちにイヌは自分がその家のリーダーだと勘違いしてしまうことになる。自分がボスだと思ったイヌは気に入らないことがあると吠えたり、噛んだりするようになる。

放っておくとイヌにもかなりのストレスがたまって、さらに問題行動を起こすことにつながっていくのだ。

そういうイヌに育てないためには常に飼い主が先頭を切ることが大切だ。散歩に行くときや帰宅したときは先に玄関を出たり入ったりする、散歩中は行き先を決めてリードを引いて歩くなど、どんなときも飼い主が主導権を握ることを心がけよう。

そうすればイヌは「この人について行かなくちゃいけないんだな」と理解し、飼い主がリーダーであると認めることになるのである。

そしてもし主従関係が逆転してしまった場合、矯正する最も有効な方法は水と食事だけを用意してイヌを無視することだ。

透明人間ならぬ透明イヌのつもりで目を合わせてもいけないし、名前を呼んでもいけない。イヌのいるところでその名前を話題に出すのも厳禁。もちろん散歩もしない。

イヌは群れで生活する習性があるため、こうした状態が続くのに耐えられない。飼い主の愛情を求めて一時的にテーブルの上のものを取って逃げたり、トイレ以外のところにオシッコしたりということもあるが、それもまったく無視していれば早くて3～4日、遅くても1週間程度でイヌは降参するはずだ。

「かわいそう」と思うかもしれないが、言うことを聞かないイヌにしてしまったのなら責任を持って矯正すべきだろう。

イヌの幸せは飼い主しだい。飼い主が頼りがいのあるリーダーであれば、イヌも心安らかに過ごせるはずだ。

飼い主ときちんと並んで歩かせる散歩術

イヌの散歩でよく目にする笑えないシーンといえば、愛犬にグイグイとリードを引っ張られながら歩く飼い主の姿である。本人はそれで満足しているのだろうが、まるでイヌに飼い主が連れられて散歩しているように見えることがある。

これは主人とイヌの主従関係が逆転したときに起きる姿と考えていい。「ウチのイヌは散歩が好きだから今日も張り切って歩いている」と思っているのは人間の勝手な思い込みだ。

そうはいっても言葉のわからない相手にどうやって主従関係を伝えればいいのだろうか。これを解決するにはリードを短く持てばいいのである。

こうすればイヌは飼い主より先を歩くことができず、自分が飼い主に従属していることを覚えるようになるのだ。

イヌは首に与えられる刺激に敏感に反応する動物なため、飼い主がリードを引けば「いけない」と言っていることを察してくれる。ただ、何がいけないことなのかは考えてはくれない。

イヌが寄り道をしようとしたときにリードを素早く引いて首にショックを与えれば飼い主の意志が瞬時に伝わり、寄り道がいけないことがわかる。

ポイントは釣りで当たりがきたときのように、上に向かって垂直にリードを引き上げること。意志をハッキリ伝えるためにも、リードをのんびり引っ張らないようにすることだ。

リードはイヌが逃げ出さないようにつけているだけではなく、飼い主とイヌの心を結ぶ大切な道具なのである。

散歩に連れてけと、吠えたてるイヌにしないために

イヌ好きの人ならば自分の飼いイヌを見ているだけで幸福な気分に浸れるだろう。ひとたび悲しげな声で何かをねだるように鳴けば、何でもしてやりたくなってしまうかもしれない。ところがこれが思わぬ問題に発展することがある。

そのひとつが散歩。散歩は一般的に毎日決まった時間にイヌを連れ出すのがいいとされている。もちろんイヌや飼い主の健康を考えたら、毎日一定のリズムを作って、決まった時間に決まったコースを歩くのもいいだろう。

ところがこれを続けていると、イヌは決まった時間になると散歩に連れて行ってもらえるのが当然だと思うようになってしまう。

そうするとイヌは散歩を飼い主に催促するようになり、甘えるような悲しげな声で鳴くのはまだいい方で、そのうち「ワンワン」と大声を出して吠えるようになることもある。

これを解決するポイントはただひとつ。イヌを決まった時間に散歩に連れて行かないことだ。

飼い主によっては、「ウチのイヌは散歩の時間がわかるんだ」と自慢する人がいるが、これは悲しいことに飼い主のほうがイヌの奴隷になっていることを知らずにいるケース。

イヌと人間の気持ちには大きなギャップがあるようだ。

主人に逆らうイヌをおとなしくさせる㊙ワザ

人間の子どもは物心がつくようになると親の言うことに反発し、「反抗期」を経験して大人になっていく。しかしイヌにはこの反抗期というものがない。だから子イヌがもし「ウー」と唸って飼い主に逆らうようになったら即座にやめさせよう。

そうしないと主人の言うことをまったく聞かない野放図なイヌになってしまう恐れがある。

ただこのときにどんな方法で子イヌを従順にさせるかが問題だろう。思わず手が出てイヌの頭をポカリとやってしまいたくなるかもしれないが、イヌのしつけに体罰は御法度である。体罰は飼い主の意志が伝わらないばかりか、イヌとの信頼関係までも損なってしまいかねない。

主人に逆らうイヌをおとなしくさせるコツは、イヌの首根っこをつかんで持ち上げてブラブラと揺すること。これは親イヌが子イヌを叱るときにとる行為で、それをそのまま応用したものだ。

このしつけの効果は抜群だが、もうひとつ逆らったイヌを従順にさせる方法がある。

それはイヌを仰向けにひっくり返して喉元を軽く押さえつける行為。飼い主の腕力も関係してくることだけに、どちらかと言えば小型犬向きのしつけ方法だろう。

そもそもイヌがお腹を出して仰向けになることは相手に対する服従のポーズであるし、さらに喉元を軽く押さえつけることで殺生与奪権を飼い主が握っていることをイヌに示すわけだ。

こうやって押さえつけたイヌを解放してやると急におとなしくなるから、一度トライしてみてはいかがだろうか。

飼い主の言っていることを理解させる命令法

動物の中で唯一言葉を操る人間は、同じことをいろいろな単語で表現して相手に伝えることができる。ところが言葉を持たないイヌとのコミュニケーションとなると大変だ。

たとえば、しつけの基本である「オスワリ」がある。オスワリの意味は文字通り

「その場に座りなさい」。しかし飼い主の中にはこのオスワリをさせられず、「ウチのイヌは頭が悪くてね」と嘆く人もいる。

実は簡単なようでいて意外と難しいのがこのオスワリという命令の出し方だ。まず最初に断っておきたいのは、オスワリという飼い主の命令を理解できないイヌは基本的にいないということ。イヌにハッキリわからせる命令の仕方にはコツがあるのだ。

まずイヌに命令するときは同じ言葉を使いたい。たとえばオスワリを「座りなさい」とか「座って」などと言うのは効果がない。オスワリはオスワリなのである。意味が同じだからといっても言い回しを変えたらイヌには何のことだかわからない。

もし言い方を変えてもオスワリができるイヌがいるとしたら、それはその場の雰囲気や飼い主の仕草から判断していると思ってみて差し支えないだろう。

そしてふたつ目は、短くハッキリした声で言うことだ。イヌには人間の言葉の意味が理解できないから、あくまでも人間の発する命令は特定のイントネーションをもった音でしかない。

イヌに理解させるためには、言葉の内容よりも常に同じ言い方で命令することのほうが大切なのである。

むやみやたらと飛びつくイヌの対処療法

イヌはボディランゲージが一番のコミュニケーション手段。だから飼い主や好きな人を見ると、つい駆け寄っていって飛びついて顔をなめたくなるものだ。

ただ、この飛びつく行為も人間にとってはありがた迷惑の場合がある。中型犬ならまだしも、大型犬に飛びつかれたら、大の大人でも弾みで押し倒されてしまうことがあるからだ。

ペットとして飼っているイヌは、相手が子どもでもお年寄りでも見境いなく飛びつくから、この行為はできるだけやめさせておいたほうがいいだろう。

こういうときはイヌが自分から飛びつかなくなるようしむけることが大切なのだ。

まず飛びつかれたらイヌの前足をギュッと力を込めて握ってみる。これを繰り返すとイヌは前足が痛くなることを学習して飛びつかなくなる。

また勢いよく飛びついてくる大型犬の場合は、イヌの左右両方の前足を持って右のほうにひねりながら、右足をかけてイヌをドスンと倒してしまう。柔道の大外刈りと同じ要領である。

ちょっとかわいそうな気もするが、これは思い切りやらないと逆に遊んでもらっているような誤解をイヌに与えてしまうので、やる以上は心を鬼にして取り組んだほうがいい。しかし、くれぐれも倒したときにイヌがケガをしないよう周囲に注意しよう。

またイヌが正面から飛びついてきた場合は、自分の片足をちょっと前に出してやることも効果がある。人間の足がちょうどイヌの胸のあたりにくるため、イヌはカラダのバランスを崩して後ろ足だけで立っていられなくなってしまうのだ。

飛びつき行為はイヌにとって大好きな人への愛情表現のつもりかもしれないが、飛びつかれた人間にとっては危険を伴うこともある。早目にきちんとやめさせよう。

入れたくない部屋に入らないようにする隠しワザ

好奇心旺盛なのが子イヌ。あらゆるものに興味を示して動くものなら何でも追い回し、口に入れられるものなら何でも噛んでしまう。

ただこの好奇心も安全な場所だけで発揮されているなら問題はないが、家の中はどこもかしこも安全というわけにはいかない、なかには危険な場所もある。

たとえばお風呂場やトイレなどがその代表的な例だろう。床の上には洗剤やクリーナーなどの化学薬品が置かれていることも多く、誤って子イヌが口にしてしまうことを考えると悪夢以外のなにものでもない。

もちろんそういう場所は注意していつでもドアを閉めていればいいのだろうが、風呂場やトイレなどは家族が日常的に使っているところだけに閉め忘れも考えられる。

こういう場所に子イヌが入らないようにする方法はないのだろうか。

そんなときはこの裏ワザで解決しよう。それはイヌの警戒心を利用する方法だ。まず、子イヌがどこでも好きなところに行けるように自由にさせておく。ウロウロし始めて入ってはいけない部屋に入ろうとしたら、子イヌの鼻先でドアを大きな音を立てて閉めてしまうのだ。

子イヌは入ろうとした部屋の扉が目の前でバタンと閉まるので「ここは恐い部屋だ」と思うようになり、これを繰り返しているとその部屋を警戒して、自分から進んで入ろうとはしなくなるはずである。
子イヌにとってその部屋は「入りたくても、入れない」部屋になるのだ。

家の中でのマーキングをやめさせるには

散歩に行ったときに雄イヌは片足をあげて電柱に少しずつオシッコを引っかけながら歩いていくが、これはマーキングと呼ばれる雄特有の行為。「ここは僕の縄張り」であることを自分のニオイをつけることで主張しているのである。

ただこのマーキングも散歩中ならいいものの、家の中でされると困ってしまう。

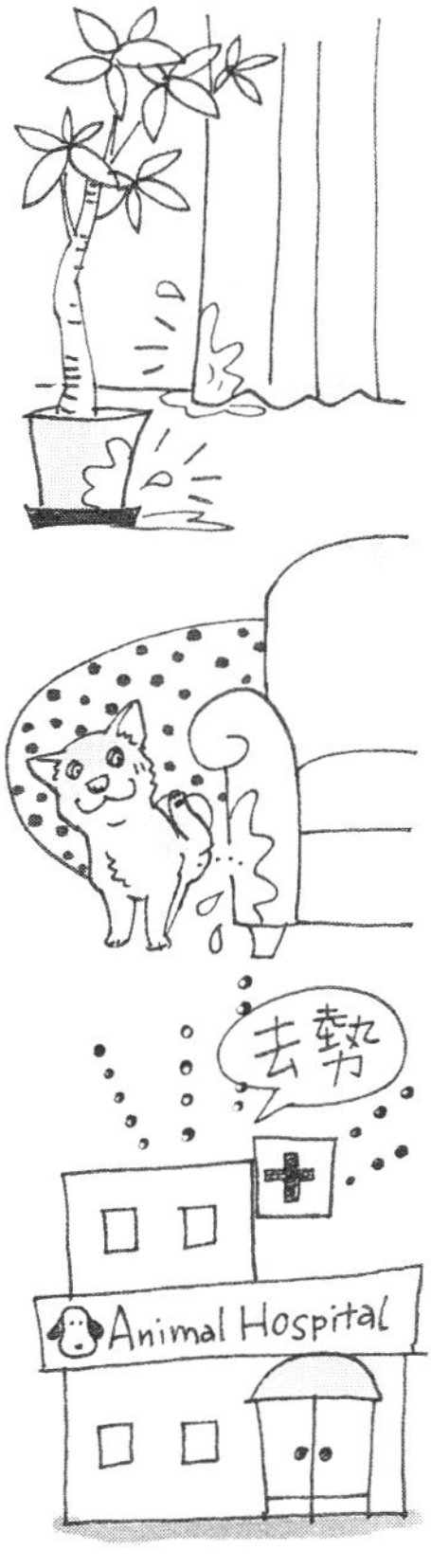

雄イヌを飼っていれば一度や二度は壁やソファなどにオシッコをかけられて、あわてて雑巾で拭き取った経験が誰にでもあるだろう。

イヌは本能でマーキングしているのだから飼い主が叱ってもなかなか直らないはず。これを本気でやめさせようと思ったら解決方法はただひとつ。イヌにはいい迷惑かもしれないが心を鬼にして去勢してしまうのだ。

雄イヌは性格こそ変わらないが、去勢されるとマーキングがなくなるばかりでなく、ムダ吠えも少なくなる。また、不用意に人に噛みついたりしなくなるなどの利点もあるのだ。

病気にもかかっていないイヌを手術するのは自然の摂理に反するようで、ちょっとためらってしまうかもしれない。それでも人間とイヌが一緒に快適に暮らすための手段として去勢の手術が存在することを覚えておきたい。

テープレコーダーを使ったイタズラ監視術

飼い主が留守の間に部屋の中を荒らす困ったイヌがいる。ちょっと買い物に行ったスキを見計らってテーブルの上に乗ったり、ティッシュケースをバラバラと引きちぎってしまったりと、「よくまあ、こんなことまで」と思うほどイヌはイタズラ好きだ。

こういうイヌは子イヌのころから独りで留守番させる訓練をしていない場合が多い。きちんとしつけをしてやればそんなにイタズラはしない。

ただ、困るのは荒らした跡がハッキリわかるイタズラではなく、「どうも留守の間に何かをやっているみたいだ」と感じさせるようなタイプのイタズラだ。

主人が帰ってきたときには何食わぬ顔をして、いい子にしてましたとばかりにお出迎えをすれば、たいていの飼い主は留守番の間のことなど忘れてしまう。それこそイヌの思うツボである。

こういうときこそ留守中の監視を徹底的にしておきたい。たとえば防犯カメラのように部屋の中を撮影していれば一目瞭然でわかるが、それはあまり現実的な方法ではない。そこで用意したいのがテープレコーダーだ。

テープレコーダーならどこの家庭にも1台はあるだろうし、再生するときもビデオカメラのようにジッと映像を見続ける必要がなく、音だけを聞くことができる。

たとえばラジカセがあればそれを部屋の真ん中に置いて、出かけるときは録音状態にしておくだけでいい。

もし愛犬が飼い主の留守中に良からぬイタズラをしているようなら、その音が証拠となってバッチリ録音されているはずだ。

帰宅後にテープを再生してみて、不審な物音が入っていればそれがイヌの行動だとわかる。

まさか自分の知らないところで監視されていたとは、イヌもビックリするに違いない。

散歩中のマーキングをガマンさせる訓練法

散歩のときに守りたい飼い主のマナーがある。そのひとつが排泄物の処理。特にウンチは絶対に持って帰ることが最低限のマナーだ。

さらに最近はマーキングにも気を使う飼い主を見かけるようになってきた。ペットボトルに水を入れて持ち歩き、イヌが片足をあげる度に電信柱に水をかけて洗い流している。

面白いことに国が変わるとマナーも変わるらしい。ヨーロッパ式の訓練方法をみると散歩中のマーキングをガマンさせており、壁や電信柱のように垂直に立っているものを見ても興味を示さないように訓練しているという。

そうはいってもイヌは言葉で話してわかる相手ではない。どうすればマーキングをガマンさせられるのだろうか。実はある裏ワザを使うとマーキングをしなくなるのだ。

それは散歩のときに早足でさっさと歩くこと。小型犬だと足が短くてちょこちょこと歩くので早足はちょっと難しいかもしれないが、中型犬以上ならこの方法が十分に使える。

このときのコツはリードを短めに持ってイヌが常に飼い主の横にいるようにすること。こうすればイヌが電信柱を見つけても駆け寄れず、飼い主と共に一定のスピードで歩くようになるはずである。

いかにも訓練されたイヌを飼っているようで、傍目に見てもこういう散歩姿はカッコイイものである。

乗り物酔いを克服するポイント

愛犬といっしょにドライブするのは楽しいものだ。イヌのほうも車の外の景色に目を奪われていつにも増してワクワクしているように見える。

しかし中には、車が苦手なイヌもいる。病院に連れていかれると思い込んでいるのか、車に乗せようとすると後ずさりして逃げようとするイヌも少なくない。たまには一緒に遠出をしようと思っている飼い主としては、車に乗せるだけでもひと苦労だ。

さらに、車に乗せたら乗せたで次の心配がある。車酔いだ。

イヌも車に酔うことがある。人間同様、車の振動に弱いイヌは酔いやすい。元気がなくなりぐったりして、やがて吐くようなことがあれば酔っていると思っていいだろう。

そんな酔いやすいイヌを車に乗せるときは、小型犬であればバスケットの中に入れてあげて、なるべく車の振動を直接感じないようにしてあげよう。バスケットそのものにシートベルトをかけて固定すると、振動はもっと弱まる。

小さなバスケットなら自分の膝に乗せて、たまに話しかけてあげるといい。精神的にも落ち着くはずだ。

また、なるべく窓を開けて風通しをよくしてあげたり、長時間の移動の場合はだいたい2時間おきに車を停めて休むようにしたい。体力が回復したら、また走り出すといいだろう。

ちょっと酷なやり方だが、車の中で吐かないようにするには朝ごはんを与えないでガマンさせるのもいい。

かわいそうな気もするが、吐くという行為はカラダに大きな負担がかかる。それを思えば、まったくものを食べさせないで車に乗せるのも愛犬のことを考えての選択肢である。

どうしても車酔いがひどい場合は、酔い止めの薬を飲ませるといい。市販されている薬もあるし、動物病院でもらったものでもいい。正しい使用法で間違いなく飲ませておけば、かなり効果があるはずだ。

イヌによってどの対処法が向いているかは異なるので、自分のイヌにはどれが向いているか、ふだんから気をつけておくようにしたい。

せっかくのイヌとのドライブだから、酔う心配は克服したいものだ。

イヌを車好きにするには、この方法で

ドライブに出かけると車の窓から顔を出しているイヌを見かけることがある。イヌ好きの人にとって愛犬とのドライブは一度は試してみたいものだろう。

ただ、すべてのイヌが車好きとは限らない。何日も前から楽しみにしていた旅行

の朝なのに、イヌが嫌がって中止なんていうこともないではない。

実は、そんなイヌも工夫次第で車好きに変身させることができる。

それには、とにかく車に乗ったら楽しいところに連れて行くことだ。車に乗って連れて行かれる場所はいつも病院というのでは、イヌが乗りたくなくなるのも無理はない。

広くて走り回れる公園や河原などイヌが喜ぶ場所に連れていって遊んでやることを繰り返せば、イヌは「これに乗ったら楽しいことが待っているんだな」と思うようになるはずだ。

しかし、イヌがどうしても車の外でふんばってしまうような場合は車自体を怖がっていると考えられるので、まずは車に慣れさせることが必要になる。

最初は車のドアを開け放して、大型犬であれば飼い主が先に乗って車の中に呼び寄せ、小型犬ならば抱いてシートに座る。そして声をかけたり、なでたりして落ち着かせよう。大好きなおやつをあげてリラックスさせるのもいい。

落ち着いていられたら、しっかり誉めてやることも大切だ。これを繰り返して徐々に時間を長くし、慣れたらドアを閉める、エンジンをかけるというようにステップを踏んでいこう。

車に慣れたらあとは喜ぶ場所に連れて行って一緒に遊んでやれば、イヌは進んで車に乗るようになるだろう。

車好きになって飼い主との楽しい思い出がたくさん増えれば、愛犬にとってもこれ以上うれしいことはないに違いない。

イヌが嫌がらない服の着せ方

飼いイヌに服を着せるのは賛否両論のあるところ。しかし真冬や真夏の散歩では、愛犬のカラダを寒さや熱気から守ってやることも必要だろう。

特に室内で飼われている小型犬は、真冬の散歩となると暖かな部屋から急に寒い屋外にでるのだから、カラダに対する負担もそれだけ大きくなるはず。

室内犬によっては真冬になると寒がって散歩に出たがらないイヌがいるというのもうなずけるところだ。

もちろんイヌだから散歩は大好きなはず。ただ自分から進んで防寒着を着てくれるようなイヌはいない。

その理由は簡単、服を着ると体が圧迫されてしまって拘束されているような気持ちになるからなのだ。

そこで、イヌが嫌がる服を着せるには「服を着ると楽しいことがある」ということを覚えさせるのが得策だ。

たとえば真冬なら、散歩に行くときは必ず厚いセーターを着せてしまう。最初は嫌がってもこれを続けていると、「セーターを着ると散歩に行ける」とイヌは思うようになり、服を着ることをあまり嫌がらなくなるのだ。

そして服をおとなしく着たら十分に誉めてやることも大切だ。注意したいのは飼

い主が面倒くさがって、愛犬にセーターを着せたり着せなかったりすることなので
ある。

イヌはただ自分が着せ替え人形のように弄《もてあそ》ばれていると思い、そのうち服を見せ
るだけで逃げ出すようになってしまう。

服を着る意味を愛犬にわからせることが一番大切なのだ。

Part2

もっともっと可愛くなれる！
「お手入れ」の裏ワザ

ツメ切りを嫌がるイヌをおとなしくさせる㊙ワザ

愛犬のお手入れの中で意外と気を使うのがツメ切りだ。毎日十分な散歩をしていればイヌのツメは道路を歩くときの摩擦で適度に削れていくものだが、少しでも散歩が足りないとどんどん伸びてしまう。

しかも、伸びたツメをそのまま放っておくと絨毯《じゅうたん》や毛足の長いマットに引っかけて、生ヅメを剥がしたり転んだりすることがあるから危険このうえない。できるだけこまめにイヌのツメは切ってあげたいものだ。

ところがこのツメ切りを嫌がるイヌが多い。これは神経がツメの中心まで通っていて、ツメそのものが敏感に感じるからということもあるのだろう。だから子イヌのころからツメ切りをする習慣をつけておかないと、嫌がってなかなか切らせてくれないことになる。

素直にツメを切らせるようにするコツは、イヌを机の上に乗せること。イヌはネコと違って高い所が苦手な動物だから、机の上に乗ると怖がってそれまで騒いでいたイヌが驚くほどおとなしくなる。

ちなみに、ツメを切るタイミングはイヌをシャンプーした後がベストだ。人間と同じで入浴させたあとはお湯でツメが柔らかくなっているために切りやすく、またその後のヤスリ掛けもしやすいはずである。

ツメを切るときに注意したいのは尖っている先端だけを慎重に切ること。深く切り過ぎるとツメの中の神経や血管まで切断して出血してしまうことがあるからだ。

愛犬のツメのお手入れもなかなか大変なのである。

イヌについたノミを残らず退治する方法

しきりに愛犬がかゆがるのでしばらくさぼっていたブラッシングをしてあげたら、ブラシの間にノミが引っかかっていたということがある。

このときに問題となるのはブラシに付いたノミをどうやって捕らえ、確実に殺すかということだろう。ぐずぐずしていると体勢を整えたノミはピョンピョンと跳ねて、あっという間に人間の視界から消えてしまう。

ノミは米粒よりも小さな生き物でしかも活発に動き回るので、「捕れた」と思ったらすぐに指で摘《つま》まなければ逃げ出してしまう。しかも、いくらしっかり指で摘んでも小さいだけにその感触がない。なんとも困った存在なのだ。

そこで捕らえたノミを確実にあの世に送り込む裏ワザをお教えしよう。用意するのは洗面器とキッチンで使っている中性洗剤だ。

まず洗面器の半分ぐらいまで水を張り、そこに中性洗剤を少し入れて静かにかき混ぜておく。このときに泡立てないのがコツだ。

ここまでできたらあとは愛犬にしっかりブラシをかけるだけ。もしノミがイヌの毛と一緒に捕れてきたら、ブラシごと洗面器の水につけてしまう。

中性洗剤が入っているとノミの油分は洗剤で落とされてしまうから、そのまま水の中であえなく溺死となるのだ。この方法ならせっかくブラシで捕らえたノミを取り逃がすことがなくなり、しかも確実に退治することができる。

そして再びイヌにブラシをかけるときは、イヌの毛に洗剤がつかないようにブラシについた中性洗剤を洗い流しタオルなどでよく拭きとることが大切だ。

愛犬の血を吸う憎きノミはこうしてやっつければいいのである。

足に付いたコールタールをきれいに取り除くには

夏のイヌの散歩で苦労するのは工事中の道路を通らなければならないときだろう。

舗装のために使われているコールタールが暑さで柔らかくなっており、その上を歩くと靴の裏にべっとりと付着してなんとも嫌な感じだ。

このときにイヌの足の裏にコールタールがついてしまったらさあ大変。イヌは足の裏についたベトベトする黒いものを取り除こうと必死に舐めるが、もちろんとれるわけがない。

しかも飼い主がシューズについたコールタールを拭き取るようなつもりでベンジンやシンナーなどを使ったら、そのニオイが大嫌いなイヌは興奮して大暴れするかもしれない。

それでは、どうすればイヌの足や毛についたコールタールを取り除くことができるのだろうか。こんなときはサラダオイルが便利だ。

やり方は簡単で、足の裏についたコールタールをサラダオイルを染み込ませた布などで溶かして拭き取るのである。これを何度も繰り返しながら丹念に拭き取ってあげればいい。

またコールタールが毛についてしまったら、同じようにサラダオイルでふき取り、どうしてもとれないところはハサミで毛を切ってしまおう。

夏場のコールタールはベトベトして始末が悪い。できるだけ道路工事の現場は避けて通ることを散歩の鉄則にしたい。

目ヤニだらけの目元をスッキリさせるコツ

愛犬のヘルスケアとして見逃せないのが目元である。特に毛足の長い犬種は頭部の毛が目に入りやすいので、ブラッシングとともに目元のケアも大切になってくる。この目元のケアを怠ると目ヤニがべっとりとついて、目の障害をひき起こす可能性があるのだ。

しかし、意外に知られていないのがケアのしかたである。人間ならドラッグストアで買った目薬を1、2滴差しておけばいいが、イヌとなるとそうもいかない。

ガーゼやコットンを濡らしてイヌの目元を拭くのは誰でも思いつくが、それでは殺菌効果があまりないのだ。

そこで、あまりにも目ヤニがひどいときは2パーセントに薄めたホウ酸をガーゼに浸して目の周りを拭《ぬぐ》ってやるといい。ホウ酸には強い殺菌作用があるので、細菌が繁殖していてもきれいに取り除くことができるのだ。

ホウ酸は舐めれば毒になるが、目元ならイヌは舐めることができないので安心である。

目ヤニは放っておくと雑菌が繁殖して場合によっては視力障害にもつながりかねないからやっかいだ。目ヤニが多いようなら、一度獣医師に相談したほうがいいだ

ろう。

口がきけないイヌにとって目は口ほどにものを言う部分。できるだけ大切にしてあげたいものである。

虫刺されの応急手当ては、こんな方法で

外で遊んでいるとき、どうもイヌの様子が変だと思ったら虫に刺されていたということがある。

もしもミツバチやクマンバチ、スズメバチなどハチに刺され、針が皮膚に残っているようであれば、それを取り去ることが何より先決だ。

このときは毛抜きやピンセットなどで針を抜くようにする。指先で無理やり引っ張ろうとすると針がかえってカラダの中に入り込んでしまい、結果的に毒素を摺り込むこともあるので注意したい。

針が抜けたら次は大量の水で傷口を洗い流す。スズメバチなどの毒は水溶性なので水に溶けやすいのだ。

それから濡れたタオルや氷、冷シップなどで熱を持った傷口を冷やせば、多少痛みを和らげてあげることができる。

そして抗ヒスタミン軟膏があれば、それを傷口に塗り込んでから病院に連れていくようにしよう。

人間でも毒バチに刺されれば、ショック死してしまうこともある。それだけハチの毒は強烈なものだ。たかが虫刺されと思わずに、応急処置をしたあとはきちんと病院で獣医師による治療をしてもらったほうが安心だろう。

散歩に出たときやアウトドアに連れて行ったときはハチに刺されないよう気をつける必要があるが、屋外でイヌを飼っている人はイヌ小屋の周囲にハチの巣がないか、注意してあげることも大事である。

夏の散歩に欠かせない、暑さ対策グッズ

〝厚い毛皮〟を脱ぐことのできないイヌにとって一番苦手な季節といえば夏。特に毛の長いイヌは暑さもひとしおに違いない。

しかし、いくら暑いとはいっても毎日の日課となっている散歩だけは欠かせないものだ。そこでイヌの夏の散歩を少しでも快適に行う裏ワザを紹介しよう。

それは、イヌに白いTシャツを着せるのである。ただでさえ暑い季節になぜTシャツをわざわざ着せるのかというと、これにはイヌを暑さから守る効果があるからなのだ。

まずTシャツを着せることで地面からの照り返しを最小限に防ぐことができる。夏の散歩は早朝が定番だが、それでもアスファルトの地面はすぐに熱を持ってくる。人間より地面に近いイヌはそれだけ地面からの照り返しを受けやすくめっぽう暑い。Tシャツが1枚あればこの灼熱地獄から多少なりとも逃れられるし、イヌも歩きやすくなるというわけだ。

そしてもうひとつの効果は、白い色のTシャツが太陽の光を反射してイヌのカラダに熱が溜まりにくくなる点。毛の色が黒いイヌほど太陽の光を吸収しやすいのである。

ところでこのTシャツであるが、なにもペットショップで買う必要はない。それにペットショップで扱っているものはイヌのためというより、着せ替えをして遊ぶ飼い主のために用意されているようなものもある。

それより、家庭で着古した白いTシャツがあればそれで簡単に作ってやればいい。このときマジックテープで着脱できるようにしてやれば、イヌも嫌がらずに着てくれるだろう。

白いTシャツには意外な効果があるのである。

室内でイヌの運動不足を解消する楽ちんアイデア

家に閉じ込められたままのイヌにとって、散歩は唯一の気分転換と運動不足解消の手段だ。毎日の散歩は飼い主の義務といってもいいものだろう。

ところが、困ってしまうのが雨の日。それも梅雨時などの長雨となる季節は最悪である。イヌにレインコートを着せて連れ出す方法もあるが、いくらうまく着せてもイヌのお腹やお尻などに雨にさらされる部分ができてしまう。

それでも強引に散歩に行けば、帰ってから濡れたイヌをバスタオルで拭いたり、あるいはシャンプーが必要になったりとアフターケアが大変。結局散歩は敬遠することになりがちだ。

しかし人間は雨の日に家でじっとしていられても、イヌは運動不足でストレスが溜まる一方である。こんなときには家の中で手軽にイヌの運動不足を解消させたい。

もちろん狭い部屋の中で運動させるのだから、縦横無尽に走り回れるドッグランのようなワケにはいかない。それでもイヌを大満足させられる裏ワザがあるのだ。

用意するのはゴムボール。これを10～20個まとめてかごに入れ、次から次に投げてやる。そうするとイヌは大喜びでボールを追いかけ回し、部屋中を飛び回る。ゴムボールだから家具に少しくらい当たっても大丈夫。

これを何回か繰り返していればイヌは「ハアハア」と荒い息をつくようになるから、運動不足によるストレスは間違いなく吹っ切れるのだ。

ブラッシングするときは、ここに注意

自分で十分に毛繕いができないイヌにとって、飼い主が愛情を込めて行うブラッシングは気持ちがいいものに違いない。ブラシをかけてやると目を細めたり、ウッ

トリした表情をするイヌもいる。

このときにチェックしたいのが毛と一緒に出てくるフケ。ただ毛の色つやを出すためにとかすのではなく、フケの量まで見ることがポイントである。

人間はほぼ毎日、お風呂やシャワーを使ってフケを洗い落としているが、イヌの場合はそうはいかない。ブラッシングのときにできるだけ取り除いてやりたいものだ。実はフケはイヌの健康状態を見るひとつの手がかりとなっている。もし愛犬にブラシをかけながら、「最近フケが多いな」と思ったら皮膚病を疑ってみる。

その際は毛をかきわけて皮膚の色も観察するようにしたい。もし皮膚の色に変化が見られるなら獣医師に相談するのがベストである。

また皮膚病の中にはイヌがかゆがる症状もあるから、いつどういうときにイヌがカラダを掻いているのか、掻いている部分はどこで、その部分の皮膚の状態はどうなのかも調べておくといいだろう。

ただ、子イヌの場合は新陳代謝が激しいのでフケもたくさん出やすく、すぐに皮膚病と結びつけられないことも覚えておきたい。

愛犬家ならスキンシップも兼ねて、さぼらず毎日イヌにブラッシングをしてやろう。ご主人が毛をとかしながら皮膚の健康状態までチェックしてくれるなら、きっとイヌとの信頼関係はさらに増すに違いない。

嫌がるブラッシングを楽しませるコツ

イヌの中には、ブラッシングが大好きなイヌと、そうでないイヌがいる。

ブラッシングが好きなイヌは、それ自体が気持ちいいことはもちろん、大好きな飼い主を独占できるのを喜んでいる。逆に嫌いなイヌはじっとしているのが苦手で、「触られるのがいや」ということが多い。

ブラッシングは体毛についている汚れやゴミを取り去り、皮膚の新陳代謝を活発にして、さらに春先の毛の抜けかわる時期には換毛《かんもう》を促進させる。1日に1回はブラッシングをして、イヌのカラダを清潔にすると同時に健康を維持させてあげたいものだ。嫌がるイヌに上手にブラッシングするコツは、まず、いきなりブラシを当てるのではなく、全身を手でなでて安心させること。飼い主に触られるのはイヌにとってはうれしいことで、特に背中などを十分になでてあげるとイヌも満足して機嫌がよくなる。

慣れてきたら、お腹や脚、さらに耳など、これからブラッシングする部分をすべて丁寧になでてあげて抵抗感をなくしておくことが大切だ。カラダのどこを触ってもいやがらないくらいに安心させてから、ブラッシングを始めるのだ。

最初は下毛からゆっくりと始めるといい。ブラシを動かしている間も毛が引っかかって痛い思いをさせないように十分に気をつけよう。

やさしく声をかけながら、ブラッシングするのも効果がある。背中、お腹、脚など、ブラッシングがひと段落するたびに「いい子だね」「おとなしくできたね」などと誉めてあげるのもいいだろう。

そして全部終わったら、またたっぷりなでてあげて、飼い主が満足していることを伝える。すると、次にブラッシングするときもおとなしく受け入れてくれるものだ。

ふだんからスキンシップを大切にして、飼い主に触れられることは気持ちいいと思わせておくとより効果的である。しかも、子イヌのうちから飼う場合は、幼いときからブラッシングに慣れさせておくと成犬になってからも苦労しない。

耳そうじ嫌いを克服する秘訣

耳は、イヌのチャームポイントのひとつだ。飼い主の声を聞いて耳をピクピクさせる仕草は愛らしいし、垂れた耳やピンと立った耳は、そのイヌの個性を際立たせている。耳の裏側をやさしくなでると気持ちよさそうな顔をするが、見ているだけでこちらも幸せになる。

しかし、定期的にきちんとそうじをしてあげないと外耳炎などの病気の原因にもなるのでやっかいだ。こまめな手入れが必要なのだが、肝心のイヌは耳そうじを嫌がる。これにはちょっとした工夫が必要なので、紹介しよう。

たとえば、耳の中を乱暴に拭くと耳に傷をつけることもあるので、綿棒かコットンなどにローションをつけて、痛がらないようにやさしく拭くのがコツだ。

いきなり奥のほうまで突っ込むとびっくりするし痛がるので、外側から刺激を与えないようにしてゆっくり拭くようにする。何度も綿棒やコットンを取り替えるようにすると、なおいっそうきれいになる。

長毛種の場合は、耳の中のむだ毛を指先でやさしく引き抜いてふだんから清潔に保つようにしておくのが大切。こうするといつも乾燥し、耳ダニが寄生するのを防ぐことにもつながるのだ。

耳はイヌの健康のバロメーターのひとつだ。毎日必ず一度は耳の中のニオイを嗅いで、異臭がしないかを確かめる。もしいつもと違ったニオイがしたら、病院で検査を受けさせることも忘れないようにしたい。

イヌのシャンプーの「正しい」やり方

愛犬を抱きあげた飼い主が「最近この子、イヌ臭いわ」と感じることがある。イヌに向かって〝イヌ臭い〟と言うものもおかしな話だが、これは月に1回のシャンプーの時期が迫ってきた証拠なのかもしれない。

シャンプーはイヌの健康管理という点からもはずせないケアのひとつ。ブラッシングだけではとれない「皮脂」を洗い落とすことができるからだ。

皮脂は皮膚病の原因にもなるので、室内で飼っているイヌなら月に1度はシャンプーでカラダを洗ってあげたい。

ただ気をつけたいのは、シャンプーも一歩やり方を間違えると両刃の剣になりうること。もし耳の中にお湯が入ってしまうと外耳炎にかかってしまうことがあり、シャンプーが病気の元になってしまう危険性がある。

だから絶対に守らなければならないのは、シャワーのときにイヌの鼻の穴や耳にお湯が入らないようにすることだ。

頭にシャワーをかけるときは必ずイヌの耳にフタをするように手を添えて流してあげよう。顔にはシャンプーをつけずお湯だけで流してやるほうがいい。

注意したいのがシャワーの温度だ。人間が浴びるつもりで熱いお湯をかけてしまうとイヌは嫌がる。イヌの体温より少し低めの35～36度ぐらいが適温と思えばいいだろう。

また水を極端に怖がるイヌもいるから、イヌにシャワーを浴びさせるのは子イヌのうちから習慣づけるのがコツ。そうでないとお風呂場で大暴れするイヌになってしまう可能性がある。

快適にお風呂に入れてあげればイヌ臭さとは無縁になるだろう。

シャンプーを怖がらせない工夫

シャンプーのときに困るのが、水を怖がるイヌだ。水の音だけでもダメというイ

ヌもいて暴れたり逃げ回ったりされ、シャンプーするどころではないこともあるし、終わったときには飼い主もびしょ濡れなどという話も聞く。

そんな怖がりのイヌも、やり方ひとつでおとなしくシャンプーさせてくれるようになる。生まれたばかりの人間の赤ちゃんもお風呂を怖がるため、カラダにガーゼをかけて安心させるが、イヌの場合も怖がらせない工夫が必要なのだ。

まず、湯加減はイヌの体温よりやや低めにすること。イヌの平均体温は38度なので、人間がお風呂に入る感覚からするとかなりぬるめのお湯になる。

そんなぬるま湯であっても、いきなり顔のほうからかけてはいけない。そんなことをされれば、人間だってびっくりするはずだ。やさしく、後ろ足やお尻のほうからシャワーをかけてやろう。

そのときも、遠くからお湯をかけるとそれだけ音が大きくなって怖がらせてしまうので、なるべくイヌの近くからかけてやるようにするといい。

お湯をかけている間やシャンプーをしているときは、常に「怖くないよ」「大丈夫だからね」と声をかけ、イヌを安心させてやることも大切だ。

これらのことを実行しつつ、手早くシャンプーを終わらせるようにしていれば、そのうちにイヌも「シャンプーは怖くないんだ」と思うようになる。
もちろん、イヌの飼い主への信頼もうなぎのぼりであることは間違いない。

肉の缶詰が切れたときの便利な代用品

イヌの健康を考えたら主食にするのはドッグフードが一番だろう。栄養バランスを考えて作られているため安心して与えられる点がいい。ただドッグフードだけでは満足しないイヌも結構いるので、愛犬家はこれにイヌ用の肉の缶詰を混ぜてやることも多い。

ところが、たまにこの缶詰を買い忘れることがある。人間なら買い物に行くときに足りないものをリクエストしてくれるからいいが、イヌは悲しいことに言葉が話せない。

だからといってふだん肉の缶詰を混ぜてもらっているイヌにドッグフードだけを与えると、プイッ！　とそっぽを向いてしまって食べようとしない。

人間が食べる肉を調理して混ぜてやってもいいが、イヌにとってはカロリーが高いのが難点であることと、もしその味を覚えてしまったらイヌ用の缶詰の肉を食べなくなってしまうことも考えられる。

低カロリーでイヌが喜びそうなものをキッチンの中から探し出さなければならないが、こんなときに使いたいのが鰹《かつお》ぶしだ。ビニールパックに入った調理用の鰹ぶしをドッグフードに混ぜてやるのである。

鰹ぶしなら油分も少なくカロリーも低い。それにほとんどのイヌはこのニオイが好きだから食欲をそそるはずである。

鰹ぶし入りのドッグフードは急場しのぎの方法ながら、イヌの健康を考えた究極のグルメなのである。

苦手なドライフードを大好きにさせるコツ

子イヌのときに缶詰とふやかしたドライフードを混ぜて食べさせていたり、「かわいい愛犬のため」とエサを手作りしていたりすると、成犬になっても硬いままのドライフードを食べてくれないことがある。

飼い主の中には「食べないとカラダに悪いのでは？」と思い、またそれまで通りのエサに戻してしまう人も多いようだ。

しかしそうすることでイヌは「ドライフードを食べなければ、前のおいしいフードがもらえる」と学習してしまい、ますますドライフードを食べさせることが難しくなる。まず大切なことは、イヌのわがままに負けないことだ。

食べさせ方としては突然切り替えるのではなく、だんだんと慣らしていくといい。人間でも、それまで主食はご飯だったのに、ある日突然「今日からはずっとパン食ね」と言われたら戸惑うはずだ。

具体的には、缶詰とふやかしたドライフードを混ぜていた場合は徐々に缶詰を減らしていく。手作りしていた場合はお湯でふやかしたドライフードを混ぜて、徐々にドライフードのほうを増やしていくといった方法だ。どちらの場合も、ふやかしたドライフードだけになったら今度は少しずつ硬くしていこう。

元気な成犬なら水さえ飲んでいれば2～3日エサを食べなくても大丈夫。食べる気配がなければ、15～20分程度の一定の時間が過ぎた後で片付けてしまうこと。おやつなどを与えることも厳禁だ。

缶詰のフードは柔らかいため歯垢がつきやすく、歯周病の原因にもなる。イヌの健康のためにも飼い主は心を鬼にしてがんばろう。

耳の長いイヌに耳を汚さずに食べさせる㊙テク

世界中には実にさまざまなイヌがおり、現在国際畜犬連盟に公認されているイヌは350種類にも及んでいる。

イヌの特徴もいろいろで短毛種と長毛種、尾の短いものと長いもの、足の短いものと長いものなど、数え上げればキリがない。

そんな特徴のひとつに「耳の長い」イヌがいる。たとえばアメリカン・コッカー・スパニエルやバセット・ハウンドのようなイヌだ。

こうした耳の長い犬種は外耳炎など耳の病気にかかることが多く、ケアが欠かせない。そのうえ、食事のときや水を飲むときなどに耳が汚れることも飼い主の悩みの種となっている。

イヌの場合、どうしても前かがみになってエサを食べるため、耳の先が汚れてしまうのだ。ドライフードならまだしも、缶詰などウエットなドッグフードはなおさらだ。かといってあまり高い位置に食器を置くと食べづらくなる。

幼児が長い髪を結ばずに食事をすると、おかずや味噌汁などに髪の毛が入って汚くなるが、ちょうどそんな感じだろう。

実は、そこにヒントがある。幼児が長い髪を結ぶことで髪を汚さずに済むように、イヌも耳を上にあげてしまえばいいのだ。

しかし髪の毛と違って耳はゴムで結ぶのには向いていない。結べたとしてもすぐにスルッと抜け落ちてしまいやすい。

そこでおすすめなのが洗濯バサミなどではさむことだ。オシャレ度に少々欠ける

というのであれば、女性が髪をはさむときに使うへアクリップなどを使うといい。ただし直に挟むのは痛いので、小さなタオルなどをクッションがわりにするくらいの気遣いはしてあげよう。

流動食を与えるときは、この秘密兵器で

イヌが単なる番犬ではなく家族の一員と考えられるようになり、何か異変があった場合にはすぐに動物病院に連れて行くようになって、イヌの寿命も延びた。そのためか、近ごろでは老人介護ならぬ「老犬介護」という言葉を聞くようになった。

寝たきりになれば、飼い主は床ずれの防止やシモの世話など老人の介護と同じように体力的にも大変な仕事をこなさなければならない。

また体力は使わないが、エサの世話も大変だ。寝たきりで自分で食べられないため、放っておけば衰弱してしまう。歯が弱くなり、消化機能も低下した老犬には流動食がいいが、なかなかスプーンで食べさせるのは難しい。

そんなときに便利なのがケチャップやマヨネーズの空き容器だ。まずキャップのついている部分をカットしてきれいに中を洗って干す。次にカットした部分を紙やすりなどでなめらかにする。この口の部分から流動食を流し入れ、イヌの口に入れる。あとはケチャップやマヨネーズを出すようなつもりで押してやれば無理なく食べさせることができるというわけだ。

針なし注射器などで食べさせる一般的な方法に比べて、一度に入れられる量も確保できるし、口が広いために入れやすく使いやすい。そのうえ、ごく普通に家庭で使うものの再利用だからお金もかからない。老犬でなくても食事がとれない状態になったときなどにおすすめだ。

介護はするほうも疲れるもの。簡単にできればそれに勝るものはないのである。

エサの適量を知る、とっても簡単な目安

イヌには、どれくらいの食事を与えるのがちょうどいいのだろうか。これはイヌを飼ううえで基本中の基本だが、案外知らない人も多い。

イヌは「もうお腹いっぱいです」とは言ってくれないし、あげればあげただけ食べるイヌもいる。飼い主から見ればもっと欲しがっているように思えて、さらに足してしまうこともある。

しかし、イヌも人間同様に腹八分が適度な量。食べ過ぎはカロリー過剰につながり成人病の原因にもなる。ちょうどいい量だけを食べさせてあげたいものだ。

具体的には1日に必要なカロリーは、子イヌの場合は「体重×150～200」キロカロリー、おとなのイヌの場合は「体重×70」キロカロリーが目安だ。

たとえば生後3カ月、体重12キロの子イヌなら、「12キロ×150」つまり1800キロカロリーから「12キロ×200」つまり2400キロカロリーが理想のカロリー量ということになる。では、その適当なカロリーを摂取させるのにちょうどいい食事の量は、どれくらいなのだろう。

目安としては、そのイヌの頭の大きさと同じくらいのフードが適当だ。これだと、だいたい腹八分になる。といっても、フードの種類によってはこれだけではまだ食べ足りなくて、お皿をぺろぺろ舐めたりするイヌもいる。大まかな目安として覚えておくといいだろう。人間と同じように、「もう少し食べたいな」というくらいが、健康のためにはいいようだ。

イヌに与えてはいけない食べ物アレコレ

イヌは家族同然だから、同じテーブルで同じものを食べさせたいと思うのも無理はない。イヌと一緒に食事ができたら、それは楽しいことだろう。

しかし同じテーブルにつくことはできても、同じものを食べるというわけにはいかない。イヌと人間とでは食事の好みも必要な栄養の量も異なる。なかには、イヌに食べさせてはいけないものもあるのだ。

まず、刺激物。これには香辛料なども含まれる。唐辛子や強い味のするスパイスなどはお腹を刺激して下痢を引き起こすことがある。人間が食べているものを分けてあげるときも、人間にとっては「味が濃くておいしい」で済まされるものでもイヌにとっては過剰な刺激になることもある。

イヌが味の濃いものを食べると、嗅覚が麻痺することもあるので要注意だ。いわゆる薬味の入った食べ物も禁物。成長不全の原因になり、中毒を起こすこともある。

また、魚の刺し身、イカ、タコ、エビ、カニ、クラゲなどは消化不良を起こすことがあるので食べさせてはいけない。

同じように消化不良を起こすものとして、タケノコ、シイタケ、漬物、コンニャク、ネギ類もある。特にネギ類は貧血の原因にもなり、イヌの体格や食べた量によって差はあるが、「最悪の場合死亡するケースもあるので食べさせないようにしよう。

おやつとして甘いお菓子を気軽にあげてしまうこともあるが、肥満や歯槽膿漏の原因になる。また、甘いものの中でも特に、チョコレートは厳禁。嘔吐や下痢を起こすばかりか、場合によっては死に至ることもある。

イヌなんだから骨付き肉を食べさせて平気だろうと思っている人がいるが、鶏肉の骨は折れると鋭く尖ってしまうので内臓や口の中を傷つけることがある。魚の骨も同じだ。また豚肉はトキソプラズマという原虫が寄生している可能性があるので、火を通してから与えなければならない。

さらには栄養満点の生卵も、必要な消化酵素を破壊するので与えないほうがいい。食べさせている人も多いかもしれないが、できればやめるべきだろう。

人間が食べておいしいのだからイヌもきっと喜ぶに違いない、という気持ちもわかるが、その気持ちがイヌの健康を損なうこともあるので注意したい。

ドッグフード選びで注目するポイント

イヌを飼い始めてから悩むもののひとつにエサの選び方がある。スーパーのペットコーナーに行けば激安のドッグフードから人間の健康食品並みの内容が表示されたものまで、バラエティー豊かにエサが取り揃えられており、どれを買えばいいのかしばらく考えてしまう。

ドッグフードは大きく分けると、ドライタイプ、半生タイプ、ウエットタイプの

3つがあるのを知っておきたい。

ドライタイプは文字通り乾燥させた硬いもので、ウエットタイプは缶詰に入れられている柔らかいフード、半生タイプはその中間と思えばいいだろう。

人間なら柔らかくておいしい肉料理を選ぶかもしれないが、イヌの場合はちょっと違う。ドッグフード選びのポイントは愛犬の歯の保護を念頭におくこと。イヌは自分で人間のように毎日歯を磨くことはできないから歯垢が溜まりやすいのだ。

そうするとエサは歯にまとわりつくことなく食べられるものがいいということになり、カリカリ噛み砕くドライタイプに軍配があがる。ただイヌが高齢化して硬いものが食べにくいのなら半生やウエットタイプがおすすめだ。また、太り気味の愛犬には低カロリーのダイエット用のドッグフードを与えたほうがいい。

ドッグフード選びは味よりも硬さとカロリーに注目してあげるのがベストだ。

ダラダラ食いをやめさせる教育法

少し食べては遊び、また少し食べてはイタズラをしにいくイヌがいる。人間の赤ちゃんでも離乳食になったころよく見られる行為だが、飼いイヌの場合はすぐにやめさせたほうがいい。

特に蒸し暑い夏場などはドッグフードや一緒に混ぜたミートが腐ってしまうことも考えられる。それにダラダラ食いは見ていてあまり感心できるものではない。

そうはいっても愛犬をつかまえて、遊びながら食べるのをやめなさいと言って聞かせるわけにもいかないだろう。

こういうときにこそ、こんな裏ワザを使いたい。もっとも効果のある方法はダラダラ食いを始めたらエサを取りあげてしまうこと。まだ食べている最中だからかわいそうだと思ったり、全部食べないと栄養失調になるのではないかと心配するのは取り越し苦労というもの。

イヌはエサを与えて3〜4分もあれば完全に食べ終わってしまうのが一般的なペースなのだ。

だから3〜4分経って食べるのをやめたらすぐにエサの入った食器を取りあげるようにしたい。もちろんこのとき愛犬が食べ残しのエサを欲しがっても絶対あげてはいけないのである。

ご主人に甘えればまたエサが戻ってくるとイヌに思われたら、それこそ思うツボ。ここはしつけだと考えて心を鬼にしたいところだ。

食欲不振を解決するエサの与え方

夏の暑い時期は誰でも食欲が落ちるが、これは愛犬も同じ。人間と違ってイヌは厚い毛皮のコートを1年中着ているようなものだから暑さはカラダに相当こたえてしまう。

こういうときはあまり無理して食べさせないほうがいいが、それでも食欲不振は何かの病気のサインかもしれないから、おかしいと思ったらまず病院に連れて行くべきだろう。診断の結果、特にカラダに異常がなかったらイヌの食欲不振を解決してあげなければならない。

そうはいっても愛犬が好きそうな脂肪分タップリの肉を与えたりするのはちょっと待ったほうがいい。

たしかにイヌの好物をエサにすれば大喜びで食べるかもしれないが、一度その味を覚えてしまうと今度は今まで与えていたドッグフードを食べなくなってしまうことがあるからだ。

そうなると高カロリーや塩分のとり過ぎに結びつき、イヌの健康を損なってしまいかねない。こういうときにはドッグフードを少しずつ手の平に乗せ、イヌに話しかけながら与えてみよう。何か特別の食べ物と思うからかイヌは食欲がなくても意外と食べてくれるものだ。

また風味を変えるために鶏肉のささみを何も加えずにゆでて、ドッグフードに少しだけ混ぜてみてもいい。イヌは新しい肉の香りに喜んでエサを食べるはずだ。

愛犬はおいしそうな肉も大好きだが、飼い主の愛情がこもったエサが一番のごちそうなのである。

食事マナーのしつけは、ここが肝心

食べることは生きていくうえでの基本だ。正しい時間にきちんと食べるようにしつけることは、イヌの健康のためにも、また行儀の面でも大切なことである。

しかしイヌは食べることが大好きだ。目の前にあればいくらでも食べようとするし、人間が食べているものを欲しがる。散歩中においしそうなものが落ちていると口に入れようとするものだ。

これを放っておいたらマナーの悪いイヌになってしまうし、栄養過多で病気になることもある。食事のしつけは、やはり厳しくするほうがいいのだ。

食事は必ず同じ時間に、同じ場所で、同じ食器を使って与える――これが基本だ。イヌにそのことをきちんと自覚させることが肝心で、これが守られていれば、それ以外に欲しがったりはしなくなる。

もしも人間の食卓に興味を持って前足を出すようなことがあれば、厳しく叱り、場合によっては前足をたたいたり鼻先を指ではじくなどして「やってはいけないことだ」ということをはっきり伝える。

もちろん散歩の途中に落ちているものを食べそうなときもリードを引っ張り、口に入れる前に「だめ！」と戒《いまし》めることも大切だ。一度でも許せば効果はなくなるので、飼い主のほうも常に節度ある態度を心がけるようにしたい。

また、食事を与えるときにも気をつけたい。

まず、「オスワリ」と命じて座らせる。それができてから、初めて器を目の前に置いてやる。そして、すぐに食べようとしても「マテ」で一度待たせる。

もしこのときに待てずに食べようとしたら、器を取りあげて「オスワリ」からやり直すのだ。

この「オスワリ」をなかなか覚えないイヌは、「オスワリ」と言いながら、お尻を下に押さえてやるといい。

そしてできるまで繰り返すのがポイントだ。

こうして「オスワリ」と「マテ」ができるようになったら、「ヨシ」と声をかけて食べさせる。

マナーのよいイヌに育てるためには、飼い主の根気が必要であることは言うまでもないだろう。

ペットフードの成分表示の読み方

近所のスーパーで食料品を買うときに、必ず見るのが賞味期限。さらに自分の健康を考えている人ならば原材料の表示まで目を凝らして見るだろう。

では、愛犬のペットフードを買うときはどうだろうか。テレビコマーシャルにつられてつい買ってしまうという人が意外に少なくないのだ。愛犬が毎日食べるペットフードもできれば人間と同じように考えてあげたい。

そうはいっても自分で食べ比べられるわけではないので、店頭に並んでいるペットフードの何を基準に選べばいいのかわからないに違いない。なかにはかなり安かったのでまとめ買いしたものの、食べてくれなかったという失敗談もある。

ペットフード選びのコツは、まずパッケージに成分表示が細かく記されていることが大切だ。

できれば酸化防止剤や防腐剤が含まれていないほうが好ましいし、合成調味料をはじめ合成着色料、合成着香料などの合成添加物が使われていないほうが健康的といえるだろう。また、価格の違いはおおよそ原材料の違いと考えていい。たとえばペットフードには「ビーフ味」や「チキン味」の表示があるが、このとき原材料として何が使われているのか注意するのだ。

ビーフ味だから牛肉がタップリ含まれていて、動物性の脂肪もそこから取れるように思うかもしれないが、製品によっては製造コストを抑えるためにわずかしか含まれていないものもある。

どんなペットフードを選ぶかは飼い主次第だが、できれば人間並みに愛犬にも健康を気遣った〝食事〟を与えたい。

大型犬の歯磨きには、これを使うと便利

愛犬の手入れで欠かせないもののひとつが歯磨きだ。イヌは人間とちがって虫歯にはなりにくいが、でも食べかすが歯に残っていると歯垢ができて、それが歯周病

のもとになってしまう。できれば毎日のように歯は磨いてやりたいものだ。

イヌの歯磨きには専用の歯ブラシなどがペットショップで売っているし、小型犬なら歯ブラシなどを使わずにガーゼを人差し指に巻き付けて歯を軽くこすってやればいい。ただ問題なのは、ほとんどのイヌが口の中にものを入れられることを嫌がって、すぐに口を閉ざしてしまうことだろう。

特に大型犬はアゴの力が強いから、口をこじ開けて歯ブラシで磨くのはひと苦労だし、人差し指にガーゼを巻いて磨こうものなら思わず「ガブリ」と噛まれてしまう危険性すら出てくる。

こういうときは軍手で歯を磨く裏ワザを使いたい。軍手はガーゼの代わりになって歯ブラシには打ってつけなのだ。両手に軍手をはめたら片方の手で口をこじ開け、もう一方の手を口の中に入れて5本の指を使って磨いてやるのである。しかも、軍手なら洗えば何度でも使えるから経済的だろう。

それに万が一間違って噛んでも、布地が厚い軍手ならばケガもしにくい。まさに軍手は究極の歯ブラシなのだ。

Part3

もっともっと仲良くなれる!
「コミュニケーション」の裏ワザ

イヌ小屋のニオイは、これ1本で解決！

家の外で飼われているイヌの寝床が犬舎。イヌにとってみればマイホームということになるが、飼い主の悩みのタネとなることがある。特に梅雨時のジトジトして、淀《よど》んだような空気のときには犬舎が臭ってくることも多い。

もちろん掃除をすればニオイは若干和らぎそうだが、しかし洗剤をつけてゴシゴシ洗ってやっても今ひとつ効果がない場合がある。

こういうときは漂白剤を使って犬舎のニオイを抑えてしまおう。まず、台所用の漂白剤を水で薄め、雑巾で犬舎を拭いてやるといい。最後によく水拭きして乾燥させること。そして中に敷いてある毛布も取り替えてあげるのだ。

こうすると漂白剤の成分がニオイの元を分解してくれて、殺菌効果もあるので雑菌を取り除き、ニオイが和らぐのである。

臭うものにはフタをするのではなく、元から断たなければ問題は解決しない。愛犬の寝床はできるだけ清潔にしてやりたいものである。

室内犬が舐めても安心、意外な床用クリーナー

イヌを室内で飼って一番困るのは床が汚れることかもしれない。トイレでオシッコをしたときに足の裏を濡らしてしまい、その足跡がトイレから点々と床に続いていたり、あるいは雄イヌならマーキングで床を汚すこともある。

飼い主は「あー、また汚しちゃったの」とイヌに文句を言いながら、雑巾で床を水拭きすることになるが、このときいつも考えるのは洗剤を使って拭いてもいいのかということ。

汚れを落とすだけなら床用の洗剤を使うのが一番だし、除菌もしてくれるから衛生面でも優れているはずだ。それでも愛犬が掃除した後の床を舐めるのではないかと思うと、心配になってしまうだろう。

そこで、洗剤の代わりに床の汚れが安心してとれる裏ワザを紹介しよう。それは米のとぎ汁で床を拭くのである。

本来なら捨ててしまう米のとぎ汁で床を拭くと、これが不思議と汚れが落ちるの

だ。しかも、これならイヌの口に入ってもなんら健康上の問題はない。

もし愛犬のことを考えて床掃除を水拭きだけにしているなら、この方法はぜひやってみる価値があるだろう。

嫌がる薬を上手に飲ませる隠しワザ

イヌは正直な動物である。出された食事をおいしくないと思えば食べないし、べーッと吐き出すことさえある。人間のように「これはおいしくないけどカラダにいい」などとガマンして食べたり飲んだりすることは絶対にしないのだ。

だから、イヌが体調をくずして薬を飲ませなくてはならなくなると大変だ。特に錠剤は飲ませづらい。

獣医さんに飲ませ方を教えてもらうときなどはイヌもおとなしくしていて「これならできそうだ」と思うが、いざ自分がやってみたら噛まれそうになったり脱兎《だっと》のごとく逃げ出されたりもする。たかが小さな錠剤1粒だが、飲ませるのにはひと苦労だ。

しかし、処方された薬はイヌの健康のために必ず飲ませなければならない。一度でも「飲まないなら仕方がない」とあきらめてしまうと、イヌは「抵抗すれば飲まなくて済む」と思ってしまうのでますます悪循環に陥ってしまう。

そんなことにならないうちに、こんな方法を試してみよう。

ひとつは錠剤をくだいたり、カプセルをはずしたりして中の薬を肉やウエットなドッグフードに混ぜる方法。イヌはこれをごちそうだと思って食べてしまうはずだ。

またひと口大に切ったチーズやちくわ、ソーセージなどに埋め込む方法もある。イヌには噛まずに飲み込む習性があるので、大好きな食べ物なら噛まずにゴックン！　となることうけあいである。

ただし、錠剤やカプセルの中にはそのまま与えないと効果のない薬もあるので、試す前には獣医師に確認することを忘れずに。

イヌの体調不良を即座に見抜くポイント

「ちょっと頭が痛い、風邪ぎみだ」「2、3日前から胃が痛くて痛くて」などと人間はカラダの不調を訴えることができるが、言葉を話せないイヌは具合が悪くてもただ黙って耐えるしかない。

食欲がなくなったり嘔吐したりして明らかにカラダの異常がわかれば、飼い主は病気を疑って獣医師の所へ急いで連れて行くだろう。

しかし病気によってはもっと早くイヌの体調の変化を察知して、適切な処置が求められるものもある。

「あと1時間早ければ助かった」ということもあるのだ。

イヌの体調不良を見抜く方法はないのだろうか。実は飼い主ならではの健康チェックの裏ワザがある。

それは愛犬のシッポの振り方を観察する方法だ。イヌはふつうシッポで感情を外に表しており、その振り方も実にさまざま。特にうれしいときと悲しいときとでは、その振り方が違うのだ。

さらにうれしいときでも、その度合いや内容によってシッポの振り方に変化をつけているのをご存知だろうか。

ご主人に用もないのに呼ばれて申しわけ程度に振るときや、エサを貰うときにちぎれんばかりに振るときとではその表情が違うはずだ。

ようするに、体調はこのシッポに表れる。たとえばイヌはカラダの調子が優れず元気がなくなるとシッポを振らなくなったり、体調がもっと悪くなるとシッポをだらりと下げたままにすることがある。この変化をいち早く見つければ愛犬の健康状態を知ることができるだろう。

また犬種によってはシッポをずっと立てているイヌもいるから、この場合は振り方だけではなく、その立ち方の変化も見逃さないようにすればいい。

愛犬は観察すればするほど、今まで見えないことがもっと見えてくるし、健康の状態も見抜けるのだ。

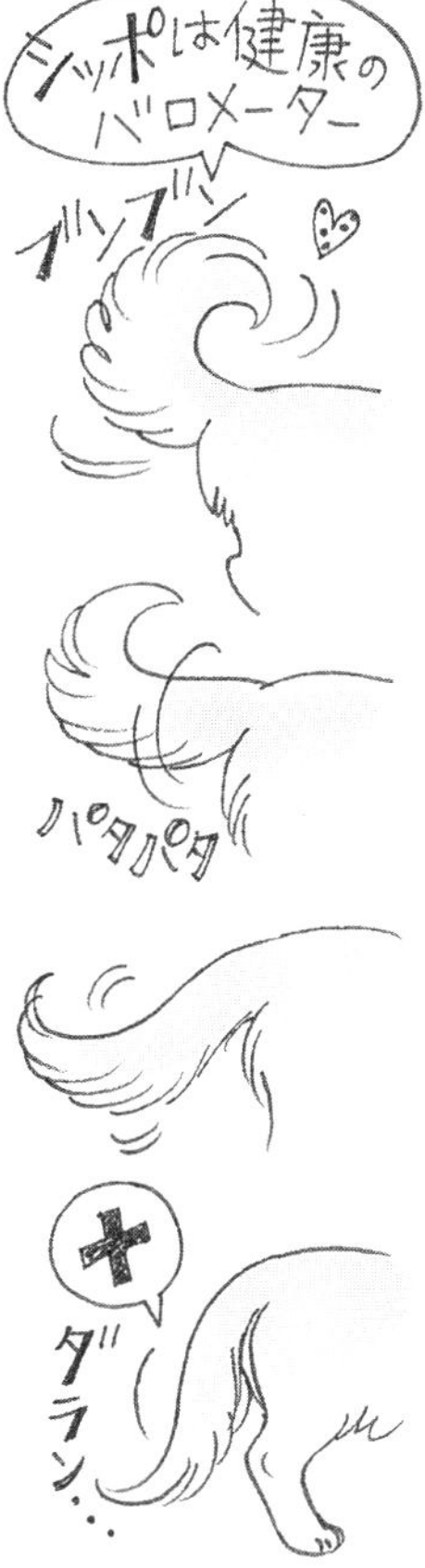
シッポは健康のバロメーター
ブンブン
パタパタ
ダラン…

鳴き声で病気を聞き分けるコツ

愛犬家なら一度は飼いイヌと話がしてみたいと思うだろう。とりとめのないおしゃべりから健康状態まで、イヌと会話ができればこれほど素晴らしいことはない。しかしながら、話すとまではいかないが長い間一緒にイヌと暮らしていると、イヌの鳴き声の微妙な変化に気づくことがあるだろう。

なかでも痛みを訴えるイヌの声は普段と違う。もし飼いイヌの元気がなくなり急に甘えたような鳴き声を出したら、お腹が痛いのではないかと疑ってみよう。

この時の鳴き声は散歩に連れて行ってもらいたいときや、何かを欲しがっているときの「クーン、クーン」と鼻をならすように甘えた声とも似ているが、よく聞けばまったく違うことに気がつくだろう。

この鳴き声を聞いて「また散歩に行きたいのか」と思うようでは飼い主としては失格。それにお腹が痛いイヌは元気がないので行動にも注意を払ってあげたい。イヌはガマン強い動物だから相当の激痛がなければ鳴かないはずだ。もしイヌがいつもと違う鳴き方をして元気がなかったら、急いで獣医師の所に連れて行こう。
ふだんから鳴き声には十分注意してあげて、早く病気を発見できるようにしたい。

人間の赤ちゃんに敵意を持たせない秘策

イヌを飼っている夫婦に初めての赤ちゃんが産まれると、心配になるのが愛犬との関係だろう。これまでのように飼い主の愛情が独占できないと知ったら、赤ちゃんに敵意を持つのではないかと考えてしまう。それに赤ちゃんがイヌから何か病気でも移されないかというのも不安の種だ。

病気については健康なイヌなら人間に感染する病気などは基本的に持っていないから、それはただの取り越し苦労に過ぎない。何も心配をする必要はないだろう。

この場合はやはり、家にやって来る赤ちゃんとイヌの接し方のほうがポイントとなる。

イヌにしてみれば「ワーワー」泣くだけの新参者が突然現れて、しかも自分は放っておかれることもあるので赤ちゃんをライバルだと思っても不思議はない。

赤ちゃんが産まれたときのイヌの扱い方にはコツがある。まず産まれる1カ月前から意識的にイヌに冷たくするように振る舞い、そして赤ちゃんが家に来たら今まで以上にイヌにやさしくしてやるのである。

こうすると新参者がやってきても自分は冷たくされるばかりか、逆にかわいがられていると思うため、すんなりと新しい家族を受け入れてくれるのだ。

そして、ときどき「ほーら、かわいいでしょう」と赤ちゃんをイヌに見せながら、触れ合う機会を少しずつ増やしていけば問題はない。

なにごとも最初の出会いが肝心なのだ。

不機嫌なイヌを機嫌よくさせる方法

人間と一緒に暮らすことでイヌは毎日エサを食べることができるし、温かい寝床も保障されている。グーグー昼寝をしているイヌを見て「あんなふうに思いっきり寝てみたい！」「イヌはのんきでいいなぁ、疲れたりしないんだろうな」と思う人も多いだろう。

しかしイヌだって四六時中のんきに暮らしているわけではない。動物病院に連れて行かれたときは当然落ち着かなくなるし、飼い主の旅行などでペットホテルに預けられればエサをまったく食べなくなったりするほど緊張することもある。

人間でもそうだが、いつもと違う環境におかれるとカラダもコチコチになってとても疲れるものだ。

そんなとき、人間だったらマッサージをしてもらったりする。10分クイックマッサージなどというものが出現するくらい、マッサージには疲れた心とカラダをほぐしリラックスさせる効果があるのだ。

実はイヌにもこの方法は有効だ。マッサージというほどでなくても、愛犬のカラダをなでたりさすったりしてやると気持ちよさそうにしていたという経験がある人もいるのではないだろうか。

飼い主がやさしく自分のカラダをなでてくれると、イヌは愛情を感じて心が安らぎ、機嫌がよくなるのである。

まずはイヌの背中をやさしくなでてやることから始めてみよう。イヌが慣れてきたら、イヌが自分では手の届かない部分をなでたり、さすったり、円を描くようにしてマッサージしてやるといい。

反対に力が強すぎるとイヌが嫌がるので、反応を見て最も気持ちのいい力加減を見つけてあげることも大切だ。ただし、あまりに奉仕しすぎて主従関係が逆転しないように気をつけたいものである。

イヌが嫌がる誉め方、大満足する誉め方

子イヌのしつけで覚えておきたいのは叱るだけでなく、誉めて覚えさせることも必要だということ。悪いことをしたからといって叱ってばかりいたのでは、子イヌは飼い主の顔色をみながら行動するようになってしまう。

しつけは叱ることと、誉めることがセットになって初めてうまくいく。そうはいっても意外と難しいのが、どうやって誉めれば最も効果的かということだろう。

愛犬家の中には「いい子ねえ」とまるで小さな子どもにでもするように頭をなでてやる人もいるが、実はこのやり方、今ひとつ効果が薄いということを知っているだろうか。

イヌは自分の頭の上からやって来るものを本能的に怖がっている。よく見知らぬイヌの頭をなでようとして突然噛まれるのは、これが理由なのだ。

そこでイヌが大満足する誉め方を紹介しよう。それは胸をやさしくなでてやることである。

イヌは好きな人に愛撫されるのが非常に好きな動物なのだが、特に自分で舐めたりすることができない胸をなでられるとすこぶる満足する。

叱ったあとにイタズラをしなくなったら、すぐにやさしく声をかけながら胸をなでてやろう。イヌは自分がよいことをしてご主人に誉められたとわかり、悪いことをしなくなるはずだ。

イヌ同士のケンカをやめさせる秘訣

イヌの散歩の最中にほかのイヌとすれ違うときは、飼い主としては緊張する瞬間だ。さっきまでおとなしく歩いていたイヌがいきなり吠えたり、うなり声をあげたりして、よそのイヌに対して攻撃的な態度を見せることがある。

多くの場合は縄張り争いが理由だが、特に去勢手術をしていないオスの場合は、そのままにしておくとケンカを始めることもあるから注意しなければならない。

まずよそのイヌとすれ違いそうになったらリードを短く持ってしっかり握り、急にイヌが飛び出したり相手に飛びかかったりしないようにする。また、「フセ」などと声をかけてイヌの姿勢をなるべく低くさせよう。こうすることでイヌの気持ちも落ち着く。よそのイヌとすれ違っている間胸をなでていれば、もっと効果的だ。

まずは飼い主のほうがあわてないで、落ち着いて行動することが肝心。ちょっとうなり始めただけで、「こら、ダメでしょう」と大声で叱る飼い主もいるが、それはかえってイヌを興奮させることになるのであまりいい方法ではないだろう。

もしもうなり声を出しながら攻撃態勢を見せても、飼い主の言いつけを聞いておとなしくしていれば、あとできちんとご褒美をあげたり胸をなでるなどして誉めてあげることも忘れないようにしたい。

しかし、それでも言うことを聞かずケンカになってしまったらどうすればいいか。

いくら言葉で「やめなさい」と言ったり、「フセ」などと命令しても興奮しているイヌには効果がない。しかも人間のほうまであわててしまうと、イヌもますます逆上することにもなりかねない。

そんなときには大きな音をたてるのが一番だ。たとえば靴で思いきり地面をたたいたりすると、イヌはびっくりして離れるのでそのすきにイヌ同士を遠ざけるようにする。ちなみに、そのときは力いっぱいリードを引いて断固とした姿勢をとるのがコツだ。つまらぬケガは未然に防ぐようにしよう。

人間と一緒に寝るのをやめさせるには

夜寝るときに甘えん坊の子イヌを自分の布団の中に入れる人も多いだろう。まるでぬいぐるみのようでかわいいし、子イヌのほうも大好きな飼い主と一緒に眠れて心落ち着くはずだ。

ところが成長してカラダが大きくなってくると、一緒の布団に入るのが辛くなってくる。飼い主としては、「もうそろそろ自分だけで寝てくれないかな」「ちゃんとイヌ小屋で寝るように習慣づけなければ」と思う時期がくる。

しかし、子イヌのころから飼い主と一緒に寝るのが習慣になっているイヌだと、いきなり別に寝かせようとしてもうまくいかないものだ。イヌは当たり前のように布団に入ろうとするし、習慣になっている以上、いくら飼い主が「ダメだよ」と言ってもイヌにとっては馬耳東風でしかない。

それでも、成長したらやはりイヌは人間とは別に寝かせるようにしたほうがいい。人間と同じ場所で寝ていると、イヌは飼い主と自分とをやがて同格に見るようになるからである。

そうなると、飼い主とイヌの上下関係がなくなり、ふだんのしつけや命令がきかなくなる。

これは飼い主にとってもイヌにとっても困る。そうならないためにも、やはり人間とイヌの寝る場所はきちんと分けるようにしたい。

そのためには、どうすればいいか。まず、ベッドや布団にイヌを近づけないようにする。

夜寝るときだけではない。ふだんからベッドや布団には乗せないようにして、「そこは近づいてはいけない場所」だと思い込ませるようにするのだ。

そしてベッドの下や布団の横など、飼い主に近い場所にイヌ専用の寝床を作り、そこで寝かせるようにする。もちろんイヌは飼い主の布団に入ってこようとするが、そこは厳しい態度で絶対に入れないようにする。

自分のニオイがついているイヌ専用の毛布を用意したり、ときどきカラダをなでてあげて安心させることが肝心である。

これが習慣づいたら、少しずつケージやイヌ小屋のほうにイヌの寝場所を移動していき、最後は飼い主が寝かせたい場所に落ち着かせるのだ。

たしかに数日間ではできないし、イヌによってはかなり時間がかかるが、しかし最も確実な方法である。

もちろん一番大切なのは、「クンクン鳴いて甘えてきても、絶対に一緒には寝ない」という飼い主の断固たる意志であることは間違いない。

イヌに嫌われない抱き上げ方

子イヌを見ると思わず抱っこをしたくなる、これはイヌ好きな人には当然の気持ちだろう。イヌも喜んで顔を舐めてきたりして、本当にかわいらしいものだ。

ほかにも抱っこをする場面はいろいろある。たとえば病院に連れていき、診察台に乗せるときや、よそのイヌとケンカが始まりそうになってあわてて引き離すときなど、イヌを抱き上げることはよくある。

ところが抱き上げられるのを嫌がるイヌがいる。抱き上げようとすると、じたばたして人間の手から逃れようとするのだ。

どうしたら素直に抱っこをさせてくれるのか。実はコツがある。

イヌを抱き上げるときは前両足を人間の手にかけさせ、もう片方の手でお尻をかかえて、そのまま持ち上げるようにする。これがイヌにとって最も安心な抱かれ方だ。嫌がることはない。

しかし、たとえば人間の赤ん坊を抱き上げるように前足のわきに両手を入れて抱き上げようとするのは、イヌにとっては大変な苦痛だ。というのも、人間の肩は関節になっていて自由に回すことができるが、イヌの場合は肩甲骨が筋肉にくっついているので、わきに手を入れられたり広げられたりすると痛いのである。

人間がそうやって抱き上げようとすると、あわてて逃れようとする。あくまでも前の両足がふつうの状態のままで抱かなければならないのだ。

また、人間の赤ちゃんのようにカラダを仰向けにして抱き上げる人もいる。ところがこれもイヌは嫌がる。ネコの場合はこれでも平気だが、イヌには苦手な体勢だ。

ネコの場合は背中から落下しても空中でカラダをねじって足から着地することが

できるが、イヌはそれができない。もしも仰向けの状態で落下したらイヌはそのまま背中から落ちてしまう。

そのためにイヌは仰向けになると大きな不安を感じるのだ。必ずお腹を下に向けて抱き上げてやればイヌも安心して抱っこされるのである。

こうして抱き上げることができるのも子イヌのうちだけ。かわいい盛りなのだ。

雷や花火を怖がるイヌには、こんな克服法を

雷や打ち上げ花火の音が苦手なイヌは結構いる。ゴロゴロと音がし始めるや部屋の隅にすっ飛んでいって小さくなっている愛犬も多い。

これはイヌの本能が危険を察知して、「早く逃げろ」と脳細胞に命令しているのではない。聞き慣れていない大きな破裂音にびっくりしているだけなのだ。

そうは言っても雷を怖がっているイヌは、端から見ればなんとも臆病なイヌに見えてしまうもの。なんとか子イヌのうちに雷を怖がらせないようにしつけたいものだ。

ただ、雷や打ち上げ花火の音は〝夏の風物詩〟のひとつでもある。1年中聞こ

えてくるものではないだけにしつけ方に困ってしまうだろう。

実はこれには裏ワザがあるのだ。知ってしまえば何と言うこともないのだが、効果は赤マルつきである。

それは効果音のCDを聞かせること。専門店に行って雷の音や花火の音が入ったCDを探そう。

このときのポイントは最初から大きな音で聞かせないこと。本物と同じ大きさで聞かせたらそれこそビックリしてしまい、逆に怖がらせる結果で終わってしまう。

初めは小さなボリュームで、その音に慣れてきたらしだいに音を大きくしてやればいい。こうやって音に慣らせば愛犬と一緒に花火大会を見に行くことも夢ではないのである。

2匹目のイヌを飼うときの注意点

かわいいイヌの仕草をみていると、「もう1匹イヌが欲しい」と思うことがある。イヌだって仲間がいれば遊び相手にもこと欠かなくていいだろう。人間だって1人より2人の方が楽しいものだ。

そこでペットショップやブリーダーのところに足を運び、2匹目の子イヌを選ぶわけだが、このとき腕を組んで考えてしまうのはすでに飼っている成犬とのご対面方法である。

先に飼われているイヌにとって、子イヌは自分の縄張りに勝手に入ってきた新参者。それに飼い主も、仕草がかわいらしい子イヌのほうについつい目がいきがちだ。場合によっては、子イヌが自分の座を狙っている「敵」に見えてしまってもおかしくはない。

そこで2匹をご対面させるときは、突然会わせないようにすることが大切。たとえば、先住者である成犬を半日以上誰かに預けてしまう。

こうして家から遠ざけることで少しでも家に対する成犬の縄張り意識を薄めてしまうのである。

それから子イヌと「はじめまして」をさせるのだが、最初は互いにどっちが偉いのか確かめるためにケンカでもするようにもつれ合うものだ。

しかし、このとき飼い主は手を出さないようにする。互いに自分の地位をハッキりとさせるために競っているのだから、これはイヌ同士の問題にとどめておかないといけないのだ。

それから飼い主が気をつけたいのは、エサを与える順番だ。いくらかわいい食べ盛りの子イヌだからといって、先にエサを与えると先住者の成犬の方にストレスが溜まってケンカのもとになる。

また同時に与えるのもよくない。必ず成犬の方へ先にエサを与えるようにしよう。そうすれば2匹の関係はうまくいくはずである。

イヌの仮病を見破る、たったひとつの方法

人間は前の晩に酒を飲み過ぎると翌日は頭痛に悩まされる。つい「カゼをひいたので今日は会社を休ませてください」といって仕事をサボろうとするが、イヌの世界でも仮病を使って飼い主に甘えるイヌがいる。

仮病を使うイヌは家庭の中で溺愛されている場合が多いという。

実際に足を引きずるようなケガをしたときに飼い主が付きっきりで看病してくれ

たり、あるいは足を引きずると家中のものが自分に関心を持ってくれたときなどの経験がキッカケとなって、病気が治っても病気にかかっているフリをするのだとされている。

あるケースでは何の障害もないのにイヌが突然足を引きずり出し、ご主人が駆け寄ってくるまで悲しげな声で鳴いて待っていたというから、なかなかの役者なのである。

そうはいっても、愛犬が仮病なのか本当の病気なのか見極めるのは難しい。飼い主はまさか自分の愛犬が仮病を使っているなどとは思いたくない。

そんなときはまず獣医師に診てもらい、内科的にも外科的にも何ら問題がなかったら仮病を疑うしかないだろう。

その仮病を見破る方法はただひとつ。苦痛を訴えるイヌを遠く離れたところから見守ってみることだ。もし仮病なら、しばらくすると家の中をいつものように元気に走り回り出すはずである。

たとえイヌが仮病を使って痛そうな素振りや悲しげな鳴き声をあげても、飼い主は完全に無視をする。

溺愛しているイヌだけに辛いのはわかるが、このハードルを乗り越えないと仮病は永遠に治らないのである。

また仮病だとわかると思わず叱りたくなるかもしれないが、それもガマンしよう。飼い主が叱るとイヌは自分に関心を示してくれたと思い、結局仮病の治療にはつながらないのだ。

こうしてイヌへの愛情を完全にシャットアウトしておいて、今度はイヌが正常な行動をとったら思い切り誉めてやるのである。これを繰り返していれば愛犬は仮病を使わなくなるはずだ。

仮病でごまかされないためには〝愛情〟も使い方しだいということである。

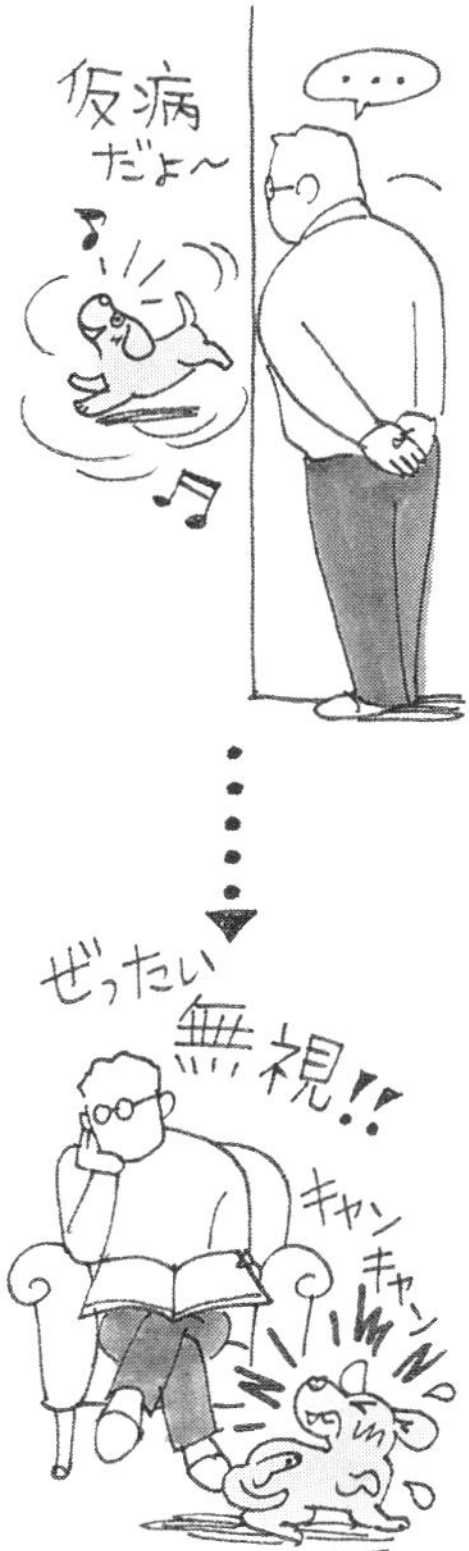

イヌのマンネリを解消してあげる散歩の工夫

人間は朝起きてから寝るまで判で押したように同じような日常生活を送っていると、仕事も家事もマンネリ化してしまう。たまには非日常的な体験をして気分をリフレッシュしたいところだろう。

実は愛犬もこれと同じことを感じているのを知っているだろうか。部屋の隅でのどかな顔をしているイヌの寝顔を見ていると何の不満もないように感じるが、マンネリ化した日常生活にイヌは退屈しているのだ。

それがストレスとなって家の外から聞こえる子どもたちの声にビックリして急に吠えたり、散歩の途中で見かけないイヌに出会うと落ち着きがなくなり、敵意をむき出しにして吠えたりする。

こういうときは、イヌの脳に刺激を十分に与えてやろう。それは散歩のコースを毎日変えてやればいい。

たとえば、子どもたちが歓声をあげて走り回っている幼稚園や保育園の前を通るようにすれば、脳に刺激が与えられて家の外で子どもの声がしても急に興奮することがなくなる。

また、大きな音を立てるオートバイなどが近づいてきて落ち着きがなくなるようなら、商店街など人混みのあるところを散歩するようにしてやれば、少しぐらいの音では驚かないイヌになる。

これは環境に慣れたのではなく脳に刺激が与えられたことで起きる変化である。

毎日外に出られる人間と違って飼いイヌは1日のほとんどを家の中で過ごすため、それが自分の知っているすべての世界だと思ってしまう。

もっと世の中は広いということをイヌにも教えてあげたい。

留守番でストレスを溜めさせないために

イヌとの暮らしにあこがれる人は多いが、真っ先に考えるのははたしてきちんと世話ができるのだろうかということだろう。

もし飼い主が子どものいない共稼ぎの夫婦や独身者だったりすると昼間は仕事で

家にいないから、イヌは1日の大半を独りぼっちで過ごすことになる。

人間だったらテレビを見たり音楽を聴いて楽しく時間を過ごせるが、イヌの場合はそうもいかない。ただひたすらご主人が帰ってくるのを待っているしかない。

いくらおとなしい犬種を選んで飼っても、1日中誰にも相手にされず放って置かれればストレスが溜まってしまうのは当然のことだ。

それが積もりに積もると、おとなしいはずのイヌが突然手がつけられない凶暴なイヌに変身してしまうことだって考えられる。

そこで、留守番をさせたときにはストレスを溜めさせないようにしたい。まず家に帰ってきたらすぐに散歩に連れ出してやろう。何をさしおいてもイヌに真っ先に「お留守番ありがとう」という感謝の気持ちを表わしながら接してやることだ。

散歩がダメなら入念にブラッシングをしてあげるのもいい。要は飼い主が寝るまでの短い時間に、愛犬といかに濃密な付き合いをしてあげられるかということだ。

これが愛犬との日課になれば、イヌは1日家にいてもストレスをあまり感じることなくご主人の帰りをおとなしく待っているようになる。

好きなテレビドラマを見るのを犠牲にしてでもイヌと遊んでやるのが、飼い主としての務めなのだ。

子イヌが安心して眠れる環境づくりのポイント

子イヌが家にやってくる時期は、だいたい生後2～3カ月ぐらいが多い。イヌの生後2カ月は人間でいうと約3歳、生後3カ月は約5歳程度と考えられ、飼い主としては赤ちゃんや幼児を相手にしているつもりでケアしてやることが必要になる。

とにかく環境の変化にストレスを感じやすいので、「かわいいから」といってかまいすぎるのは健康上の問題が起こる可能性がある。

ストレスによって食欲不振になったり疲れたりして低血糖症に陥りぐったりしたり、ひどくなるとけいれんを起こすこともあるので、環境に慣れないうちはそっとしておいてやらなければならない。

特にブリーダーの元で母イヌや兄弟と一緒に暮らしていた子イヌは、急に引き離されてしまったことに対して不安を感じていることが多いので注意したい。

なかでも一番大切なのは、安心して眠れるようにしてやることだ。子イヌは1日のうち約20時間を寝て過ごす。つまり、食事と少しの遊び時間以外はほとんど寝ていることになる。

まずは寝床にブリーダーやペットショップなどで使っていたタオルなど自分のニオイのするものを置いてやると、子イヌを落ち着かせる効果がある。

寝床の場所をどこにするかも大切な要素。かわいさのあまり、いつも見ていたいとリビングなどに用意する家もあるようだが、子イヌにとってはいいことではない。たとえば、飼い主が寝ている部屋の片隅など静かで薄暗い場所が理想的だ。

ただし、寂しがって鳴いても、けっして飼い主のベッドに寝かせてはいけない。イヌが飼い主をリーダーと認めなくなる恐れがあるからだ。

これから始まる愛犬との日々を楽しいものにしたいなら、まず最初が肝心と心得ておこう。

健康に育てるための子イヌの遊ばせ方

飼い始めた子イヌは見ているだけでもかわいいものだ。小さなカラダをヨチヨチと動かして何にでもじゃれついてみたり、飛び跳ねてはバランスを崩して尻もちをついてみたりと、一流のエンターテイナー顔負けの人気ぶりだろう。

飼い主もついつい時間を忘れて遊んでしまうに違いない。

しかし子イヌは生まれて間もないから、体力はまだまだ不足している。

実はあまり遊ばせすぎるのは子イヌのカラダや精神状態にはよくないのである。

子イヌの遊ばせ方にはコツがあり、これを会得すれば健康なイヌに育てられる。

子イヌは母親の乳を飲んでいる時期は1日の大半を眠っていて、兄弟イヌたちと元気に遊び始めるようになるのは離乳してから。

離乳後も1日中遊び回っているかというとそうではなく、遊んでは眠り、また遊

んでは眠りというペースで過ごしている。

つまり遊びと眠りの時間を交互にとるのは、生まれて間もない子イヌの生活のリズムなのである。

子イヌを飼ったらまずこの生活のリズムを考えて、30分遊ばせたら少なくとも1時間はぐっすりと眠らせるようにしてあげたい。

いくらかわいいからといって寝かさないで遊ばせていると、場合によっては精神的に不安定な成犬になることもあるので、くれぐれも〝遊ばせ過ぎ〟ないように気をつけたいものだ。

子イヌの性格を見抜く㊙テクニック

ペットショップでケージに入っている子イヌたちを見ていると、どのイヌもかわいくてつい時間が経つのも忘れてしまう。

子イヌたちにはそれぞれ生まれついての個性があり、ケージの隅で寝ころんだままあまり動こうとしないイヌや、反対に落ち着きがなく飛び回っては仲間にじゃれつく元気でオチャメなイヌもいるだろう。そんな子イヌの行動から性格を見抜くコツがある。

たとえば、ケージが広いようならペットショップの店員に断って外から子イヌたちを呼んでみよう。なかにはすかさずシッポを振りながら走り寄ってきて、飛びつこうとしたり、靴などを噛もうとする子イヌがいる。

思わず「この子は私のことが好きに違いない」と思うかもしれないが、ここで早合点してはいけない。そのイヌは大きくなると何でも支配したがるイヌになる可能性があるからだ。

またあなたのところにいち早く走り寄ってきた子イヌが、愛くるしい愛想を振りまいても、後からやって来た仲間の邪魔をするようならちょっと考えものだ。そのイヌはあなたを独占したいというより、他のイヌを攻撃しやすい性質があると考えられる。

性格に問題のない子イヌは呼ばれたら慎重に好奇心を示し、それからおもむろにシッポをあげてあなたのところにやってくるものだ。

もちろんイヌには持って生まれた個性はあるが、どんな性格のイヌに育つかは飼い主との接し方しだいといえる。

ブリーダーからイヌを買うときの注意点

最近ではブリーダーから直接イヌを買う人も増えてきたが、評判がいいところばかりとは限らず、トラブルが起こることも少なくないようだ。

いい子イヌを選びたい場合は、まず信頼のできるブリーダーを選ばなければならないということになる。

では、その信頼できるブリーダーとは具体的にどういうブリーダーのことをいうのだろうか。

それには、いくつかのチェック項目がある。①ひとつの犬種を情熱を持って育てていること、②家庭的な環境で育てていること、③見学をさせてくれること、④受け渡しの時期が生後2カ月程度であること、⑤領収書や契約書、予防接種済みの証明書、血統書などの書類をきちんと出してくれること、この5つである。

流行しているイヌを繁殖させているところもいいが、ひとつの犬種を育てているということは、ブリーダーという仕事に熱意を持っていると判断できる。

また家庭的な環境で育てているということは繁殖だけを目的とせず、イヌを家族同然に大切に扱っているということにつながる。当然清潔だし、ブリーダーによく遊んでもらっていて人間に対する信頼関係もできているだろう。

子イヌは環境の変化にストレスを感じやすいので、そういう環境で育った子イヌであれば新しい環境にも慣れやすいはずだ。

飼っているところを見学させてくれるかどうかも大切だ。繁殖が実際に行われているか、清潔な環境で育てているかなどを見るうえでも欠かせない項目である。

受け渡しの時期が生後2カ月程度というのは、母イヌや兄弟のイヌと離されることによるストレス、抵抗力の弱さや感染症の危険などを考えるとそのころが望ましいからだ。

最後の書類についての項目は、良心的かどうかを見極めるために必要となる。

しかし、こうしたチェック項目に合格するような優良ブリーダーが自分の居住地の近くに住んでいるとは限らないので、実際自分で探すとなると大変だ。

いいブリーダーを知っているペットショップを探すのもひとつの方法だろう。

あとは飼い主の側がイヌについての知識を学び、疑問点があれば確認できるようにしておくこと。ブリーダーやペットショップに惑わされない目を養っておこう。

ペットシッター選びは、ここに注目

イヌを飼っていて一番大変なのは毎朝毎夕散歩に連れて行ったり、寝床の掃除や決まった時間にエサを与えることだろう。愛犬家に言わせればそんなことは当たり前で「それができないならイヌを飼う資格などない」、ということになるのかもしれない。

しかしそうはいっても1日中外出するような用事ができたり、あるいは飼い主の仕事が急に忙しくなり愛犬の面倒を十分に見てやれなくなることだってある。

こういうときに助っ人として登場するのが「ペットシッター」である。ベビーシッターは人間の子どもの世話をするが、ペットシッターは飼い主に代わってイヌの散歩をしたり、エサを与えたりするのが仕事。いわばベビーシッターのペット版とでも考えればいい。最近のペットブームに乗って生まれた新しいビジネスである。

しかしペットシッターの選び方にはコツがいる。イヌのことをあまり知らない人が自称ペットシッターを名乗っていることもあるからだ。

かかりつけの獣医師やペットショップでペットシッターを紹介してもらえればいいが、そうでない場合は愛犬の世話を引き受ける人の態度をチェックしよう。

頼もうとするペットシッターがイヌの病歴や食欲を聞いたり、日ごろのウンチの状態を質問するような人なら一応信用できるだろう。ペットシッターには愛犬のカルテを作るぐらいの気持ちを求めたい。

飼い主は大切な愛犬を預けるのだから、ペットシッター選びは慎重にしたいものである。

良いペットショップ、悪いペットショップの見極め方

イヌを飼おうと思ったときにまず訪れるのがペットショップ。地元に昔からあるこじんまりとした店から、豊富な犬種と輸入グッズを取りそろえた大型店までさまざまだろう。

初めてイヌを飼う人なら大いに迷うところだが、いったい何をポイントにペットショップを選べばいいのだろうか。人気の犬種を揃えているところだろうか、それとも値引きしてくれる店だろうか。

もしペットショップで子イヌを買おうとしているなら、店の規模や取り扱い商品の豊富さより、ケージの中がいつもきれいになっている店を選ぶのがポイントだ。掃除が行き届いていて清潔さが保たれていれば、それだけ子イヌに対して管理が行き届いている証拠と思っていい。

ケージとは子イヌを入れている檻《おり》のことで、よく見えるようにガラス張りになっているものもある。このケージの中で子イヌが残したエサがそのままにされていな

いか、あるいは排泄物で汚れたままになっていないかなどをチェックしよう。

ケージの中がきちんと管理されているかどうかは、ショップ側が子イヌの健康状態を考えているかどうかを判断する大切なポイントになるのだ。

子イヌは生後30～60日で母イヌや兄弟たちと引き離されてペットショップにやって来るのが一般的。しかも、毎日お客さんに見つめられたり抱かれたりしているから、彼らの本音は「毎日疲れるなあ」なのである。

飼えば家族の一員になる子イヌは工場で作られるモノではない。「今買えばお買い得！」などという言葉に迷わされることなく、しっかりと選びたい。

ゴールデン・レトリバーを手に入れる㊙ワザ

大型犬の中でもゴールデン・レトリバーは人気のある犬種。図体が大きなわりにおとなしくて飼いやすいイヌだ。ただ、それだけに人気が高く、ペットショップやブリーダーから手に入れようとするとかなりの高額を提示されてビックリしてしまうことがある。

ペットショップといっても大小さまざまな店があるが、もちろん安ければいいというわけではないから、このショップ選びも難しいところ。買ったばかりのイヌが病気になったり、または死亡するなどトラブルは絶えない。生涯を共に暮らすイヌだけに、このへんは慎重にしたいものだ。

このゴールデン・レトリバーを、リーズナブルな価格で手に入れる裏ワザがある。それは盲導犬の訓練所から手に入れることだ。盲導犬の候補になるイヌは生後45日から10カ月間「パピーウォーカー」と呼ばれる家庭に引き取られて育てられる。ところが、ときどきこのパピーウォーカーの家庭すべてに子イヌが預けられていて、手いっぱいになってしまっていることがあるのだ。

そうなると生まれたゴールデン・レトリバーの子イヌは一般に売りに出される可能性がある。

ただし訓練所はペットショップでもブリーダーでもないから、子イヌを買いたいと申し込んでもパピーウォーカーが手いっぱいになるまで子イヌは売りに出されない。場合によっては子イヌが手に入るまで1年近く待たされることも考えられるから、人気のあるイヌを飼うのは辛抱強さも必要になるようだ。

老夫婦がイヌを選ぶときのポイント

愛らしいイヌの顔を見ていると誰でも心がなごんでくるもの。特にお年寄りにとってイヌは最良の友である。子どもたちは学校を卒業すると独り立ちしてしまい、老夫婦だけの生活となる。2人だけでは話題も少なくなって生活も単調になりがちだろう。

でもそこにイヌがいれば散歩をしてカラダを動かし、イヌと遊ぶこともできる。最近はお年寄りがイヌを飼うケースが増えているのだ。

ただ老夫婦がイヌを選ぶときには気をつけたいポイントがある。ペットショップで子イヌだけを見て選んだのでは後で後悔することが考えられるからだ。

まず、力が強く毎日1時間以上もの散歩が必要な大型犬は、いくらおとなしい性格で賢いイヌであったとしても世話をすることはできない。

その点、室内で一緒に遊べるような小型犬は最有力候補となるが、あまりにも活発なイヌではさすがに持てあましてしまうだろう。

老夫婦がペットとしてイヌを飼うなら大きさは15キログラム以下の中型犬までがいい。できれば小型犬がいいが、性格がおっとりとした犬種が少ないのはやや難点かもしれない。

具体的にはプードルやミニチュア・ダックスフント、それにマルチーズなどの小型犬がいいだろう。

これらの小型犬ならシャンプーやブラッシングもそれほど手間がかからないから、一緒に生活するには適していると言っていい。お年寄りと暮らすイヌは注意して選びたいものである。

独身女性がイヌを選ぶときのポイント

一人暮らしの女性にとって心を許せるパートナーの1人といえば愛犬だろう。イヌは仕事から帰って部屋のドアを開けるや否や、シッポを振りながら飛びついてきて「お疲れさま」とカラダ全体で表現してくれる。

会社であった嫌なこともあっという間に吹き飛んでしまい、思わず抱きしめて頬ずりしてしまいたくなるものだ。

こんなすてきな相棒と暮らせたら夢のような生活が待っていそうだが、一歩飼いイヌの選び方を間違ってしまうと悲劇になってしまう。

1日中部屋に閉じこめられてストレスを溜めたイヌはご主人の留守中に部屋のものをひっくり返して暴れたり、あるいはヒステリーを起こしてムダ吠えばかりをするようになってしまうのだ。これではせっかくの愛犬との暮らしも悩みのタネとなってしまう。

一人暮らしの女性がイヌを選ぶときのコツは、何といってもおとなしく留守番をしていられる犬種を選ぶこと。雑誌やテレビなどに登場して人気が大ブレイクして

いるイヌたちはかわいくて、つい欲しくなってしまうかもしれないが、なかにはとても活発でやんちゃなイヌもいるから要注意だ。

それにシャンプーやブラッシングなどケアに手間がかかるイヌもできれば敬遠したほうがいい。そうでないとイヌの世話ばかりに時間をとられるようになり、結局自分の時間が持てなくなってしまう。

候補としてあがるのはシー・ズー、アメリカン・コッカー・スパニエル、ウェルシュ・コーギーなどだろう。

一緒に暮らすパートナーだからこそ、あまり気を使わないで済むイヌを選ぶのがベストなのである。

イヌ小屋を置くのに適した場所の条件

イヌを外で飼わなければならない場合、どこにイヌ小屋を置くかが問題になる。「庭が狭くて、そこしか場所がない」という場合もあるが、限られた条件の中で少しでもイヌのために適した場所に置くようにしたい。イヌ小屋の場所によって、イヌの健康や性格が左右されることもあるのだ。

まず大切なことは、イヌからいつも家族が見える場所であること。イヌから家族の顔や行動が見え、声が聞こえていることでイヌは自分も家族の一員であることを感じる。

すると、性格的にも温和で落ち着いてくるうえ、しつけもしやすくなる。飼い主のほうもますますイヌに愛着を感じるようになる。

さらに、住環境として居心地がいいこと。日当たりがよく、さらに暑いときのための日陰もあったほうがいいだろう。風通しがよく、雨が降っても濡れず、水はけのいいコンクリートの上のほうが清潔だ。

またイヌ小屋を置くときは、小型のブロックや木片などを土台にして地面との間に10～20センチほどすき間をつくるのがコツ。こうすることで風が通りやすくなりイヌ小屋の中が湿っぽくならない。イヌ小屋そのものが腐ることもないのだ。

なお、イヌ小屋の内部はイヌが十分にカラダが伸ばせる程度の大きさが適当だ。さらに、入り口はイヌがギリギリ出入りできるくらいだと寒いときに風が入らなくていい。中には古い毛布などを敷くようにすると快適だ。

子イヌのうちにイヌ小屋を準備する場合でも、初めから大きく成長したときの大きさに合わせた小屋にする。最初は広すぎるように思えても、ほどなくちょうどいい大きさになるからだ。

人間にとって家が大切なように、イヌにとってもイヌ小屋は大切な住まいである。一生の棲家として大切に考えてあげたい。

ペットで飼い主が健康になる裏ワザ

このご時世、ストレスを感じないで生活している人はごく一部だろう。特にサラリーマンは会社の倒産やリストラの心配もしなくてはならず、ストレスはたまる一方のはずだ。

こういうときのストレス解消策は赤提灯でまずは一杯というところだろうが、飲みすぎれば血圧が上がり健康にはよくない。

もっと健康的で簡単なストレス解消法がある。それはイヌとスキンシップをはかることである。

できるだけ毎日、会社から帰ったあと愛犬をなでてやろう。実はイヌに触ると血圧が下がりイライラが治まることが臨床医学で実証されているのだ。ストレスとは無縁そうに見えるオキラクなイヌの姿を見ていると、人間は本能的にリラックスするのだという。

高齢者のケアにもペットは効果があるとされ、すでに治療の一環として取り入れた病院もあるほどだ。

イヌのことは家族に任せっぱなしというお父さんも、毎日イヌを積極的になでるだけで血圧が下がり心も落ち着くというのだから、さっそく始めてみよう。

臆病なイヌの「公園デビュー」のコツ

散歩コースの定番といえば公園だろう。熱くやけたアスファルトも車も気にせず、思いっきり愛犬を遊ばせることができる。

それにもうひとつの楽しみは、公園に来たよそのイヌたちに会えること。イヌ同士は互いにじゃれ合って遊べるし、飼い主同士も世間話を楽しんだり情報交換することもできる。

しかしなかには臆病なイヌもいて、なかなか他のイヌたちと遊ぶことができず、すぐに「ワンワン」と吠えて、仲間に近づこうとしない場合がある。

臆病なイヌを公園デビューさせてやるにはコツがあるのだ。それはまず飼い主がほかの飼い主と顔見知りになれるように、毎日同じ時間に公園に行ってみよう。

ここで注意したいのは、嫌がる愛犬をすぐに多くのイヌたちの輪には入れないことである。

まずは、少し離れたところをブラブラするのだ。気長に毎日これを繰り返していると、次第に愛犬もほかのイヌたちに慣れてくる。

ここまでくればしめたもの。愛犬があまり嫌がらなくなったら、遊んでいる他の仲間に近づいてみるのだ。そこで興味を示すようなら遊びの仲間に入れる準備が整ったことになる。

まだ警戒しているようなら、慌てずに同じことをもう少し辛抱強く繰り返してみよう。たいていのイヌならだんだん仲間と遊びたくなって公園に連れて行ってもらうのが楽しみになるはずである。

イヌの写真をかわいく撮るテクニック

イヌと暮らしていると、愛犬のかわいい仕草を写真に残しておきたいと思うだろう。ところが意外と難しいのがペットの撮影だ。

いざカメラを持ってきて愛犬にシャッターを切ってみると、そこには目をビー玉のように光らせた不気味なイヌの姿が写っていた、という経験があるだろう。

ペットの写真を撮るにはちょっとしたコツが必要なのだ。まずイヌをカメラに慣れさせるところから始めたい。イヌはレンズを向けた途端に何かされるのではない

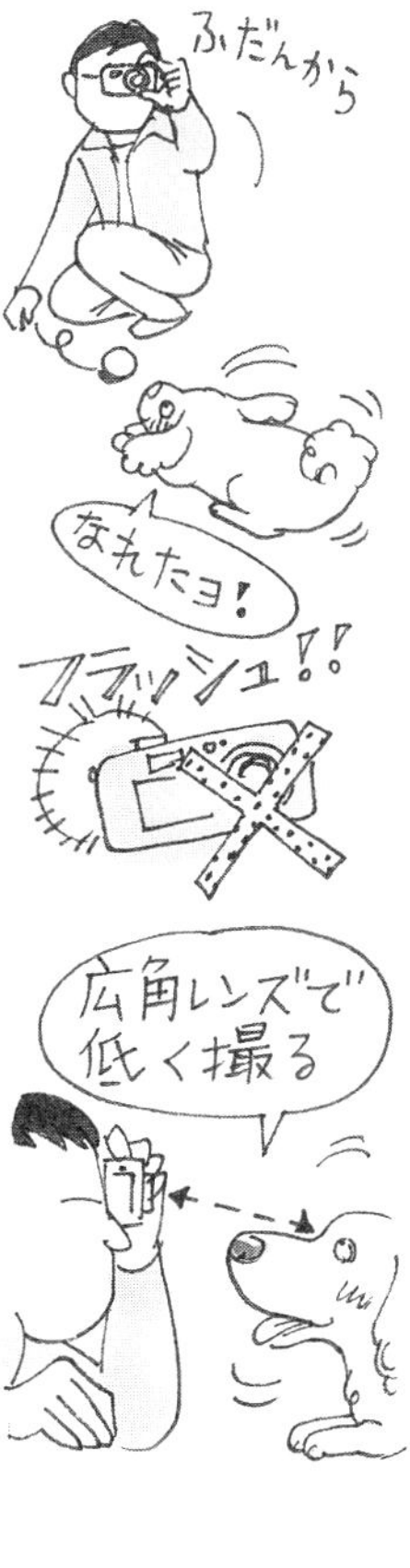

かと思うから、おもちゃに夢中になって遊んでいてもすぐに警戒する顔に戻ってしまう。場合によってはレンズの前からこそこそ逃げ出すイヌもいるはずだ。

慣れさせるためにはいつも身近なところにカメラを置き、ふだんからカメラをイヌの方に向けるようにしたい。

カメラを向けても気にしなくなったら今度は本番の撮影となるが、できることならフラッシュを使わない屋外で撮る方がいい。フラッシュはイヌの目をビー玉のように光らせてしまうのだ。

カメラはイヌの目線に合わせて低く構え、レンズは近くに寄って撮れる広角レンズがいい。そして一番のポイントは、イヌを遊ばせながらかわいい仕草になるように演出すること。

「かわいいな」と思ったときがシャッターチャンスだが、これぱかりは飼い主の愛情に満ちた眼に勝るものはない。

Part 4

もっともっと元気になれる!

「ヘルスケア」の裏ワザ

鼻の湿り気でできる愛犬の健康チェック

リビングでゴロンと横になっていると、顔が低い位置にあることを目ざとく見つけてイヌが顔をすり寄せてくる。イヌならではのかわいらしい仕草のひとつで思わずこちらも顔をすり寄せたり、鼻と鼻をくっつけたりしてしまう。

ところで、そんなときにふと気づくことがある。イヌの鼻は、なぜいつも濡れているのかということだ。

イヌにとってニオイを嗅ぎ分けることは、生きていくうえで重要な能力である。どこにどんな食べ物があるか、あるいは周りに異性がいないかを知るには、すべてニオイが手がかりになる。だから、その能力をいつも最大限に発揮できるようにしておく必要があるのだ。

ニオイのもとになる分子は、イヌの鼻の水分に溶けて、ニオイを感じる器官にとどく。そのためには鼻はいつも濡れていなければならない。寝て起きたばかりのイヌが舌で鼻を舐めて湿らせているのは、そのためにほかならない。

もうひとつ、鼻が濡れている理由がある。それは、体内の余分な水分を蒸発させているためである。

気温が高いとき、イヌは口を開きハアハアと激しくあえぐことで熱や湿り気を吐き出す。これはイヌのおなじみの姿だ。

そしてこのときは、実は鼻からも水分が蒸発している。そのために鼻が濡れているのである。

ところで、この濡れた鼻がイヌの健康チェックにも大いに役立つことを知っているだろうか。

鼻に触れたときに冷たく湿っていたら、発熱がなく元気な証拠だ。逆に熱く湿っていたら、それは発熱している状態にある。何らかの病気や体調不良が考えられるので、イヌの行動をよく観察しながら不安があれば診察を受けさせたほうがいいだろう。

イヌのほうから鼻をすり寄せてきたときだけではなく、ときには人間のほうから鼻に触れてあげて、発熱していないか、体調は万全かどうかの健康チェックをしてみたい。

骨折した足を素早く手当てする方法

イヌはガマン強い動物だ。人間だったら痛みで夜も眠れないような骨折でも、鳴いて訴えたりはしないし、飼い主からはふだんとあまり変わらないように見えたりする。しかしガマンしているうちにどんどん状態が悪化していき、飼い主が気づいたときには骨折はかなりひどい状態になっているというケースもままある。

愛犬が足を引きずっているのに気づいたら、骨折の可能性がある。とにかく応急処置をして早めに動物病院を受診したほうがいい。

応急処置は家庭にあるもので簡単にできる。ガーゼと包帯、割っていない割り箸もしくは硬いダンボールを用意しよう。また、イヌがショックで暴れないように首やお腹の周りを押さえたほうがいいので、できれば2人で行うのがおすすめだ。

そしてまずは引きずっている足の患部と思われる部分にガーゼを巻く。出血している場合は止血してから巻くようにすること。どこが骨折しているかわからないときは、腫れているところがないか、触ると嫌がる部分はどこかを探そう。

次は患部に添え木を当てる。割り箸かあるいは患部の大きさに合わせて切った硬めのダンボールをガーゼの上下に添えるといいだろう。割り箸の代わりにアイスキャンディーの棒なども利用できる。最後に包帯で巻いて添え木を固定し、なるべく動かさないようにキャリーバッグなどに入れて病院へ運ぶ。

ただし目の前でアクシデントが起こり、見た目にはケガはないがイヌがその場から動かないようなときは、応急処理よりまず動物病院へ連れて行くことが大切だ。ガマン強いイヌが「動かない」のは、それだけ重症かもしれないのだ。

イヌは自分で治療したり病院に行ったりできない。ケガをきちんと直してやるのも飼い主の務めだろう。

覚えておきたい止血のテクニック

散歩が日課のイヌは、その散歩の途中でよく足にケガをすることがある。金網のフェンスに引っかけたとか落ちていたガラスを踏んづけてしまったなどというのはよく聞く話だ。

人間のケガではあまりあわてる素振りを見せない飼い主でも、いざ愛犬のケガとなるとパニック状態になってしまう人もいる。イヌは自分で手当てができないので、まずは飼い主が落ち着いて状況を見極めないといけない。そのためにも、止血方法を知っておくと役立つだろう。

かすり傷程度で出血も少なければ、清潔なガーゼやハンカチで傷口を押さえ、強すぎない程度に圧迫するだけで出血は止まる。その後、消毒して包帯を巻いてやればOKだ。

もし万が一大量に出血しているときでも、まずは清潔なガーゼやハンカチを傷口に当てて上から包帯を巻く。そして傷口より心臓に近い部分を包帯やタオルなどでしばるのである。

このとき、きつくしばりすぎると末端に血液が流れなくなるため、指1本入る程度の余裕を持ってしばることが大切だ。

そしてなるべく早めに動物病院を受診すること。「大丈夫そうだ」などという素人判断は愛犬の命にかかわることになりかねないので、絶対にやめよう。

イヌを飼うということは、イヌの命を預かるということだと改めて肝に命じておこう。

カラダに塗った薬を舐めさせないために

イヌはきれい好きだ。彼らは自分の舌を使って上手に毛繕いをしたり、お尻の周りを舐めてきれいにする。

しかし、そんなイヌの行動が裏目に出るときもある。塗ったばかりの薬を舐め取ってしまうときだ。

たとえばダニやノミのせいで炎症を起こした場合、動物病院で処方された塗り薬

を塗って「これで大丈夫」と言ったそばからペロペロと舐めてしまう。イヌにしてみれば、カラダに変なものを塗られてきれいにしようとしているのかもしれない。

そこで病院でも使われているのがエリザベスカラー。エリザベスカラーとは動物がケガをしたり、手術をしたときに首の周りにつけるものだ。材質はプラスチックが多い。

意外と値段が高いので、小型犬であればカップラーメンの容器の底をくり貫いたものや子ども用のシャンプーハットなどで、大型犬であればプラスチック製の円筒形のゴミ箱やバケツの底をくり貫いて代用している人もいるようだ。

ただ、エリザベスカラーはイヌにとってかなりのストレスになっていることは間違いない。「かわいそうなのよね」という人は、散歩の前に薬を塗ることを試してみよう。

イヌにとって散歩は待ちに待った最も楽しい時間だ。散歩に連れて行ってもらえるとわかった瞬間から興奮が始まる。散歩中はあっちの植え込み、こっちの塀といろいろなニオイを嗅ぐのに忙しいし、雄イヌであれば電信柱などにオシッコをかけたりもしなければならない。

そんなことで薬を舐めているヒマなどないし、帰ってきたころには薬を塗られたことなどすっかり忘れているはずだ。

塗り薬を舐めてしまうと治りが遅くなるだけでなく、本来塗り薬は口に入れるものではないので、イヌの健康にもよくないということも合わせて考えたいところである。

熱中症のイヌを救う応急処置とは

熱中症とは長時間高温の場所にいるなどして体温が急激に上昇し、体温調節機能をはじめカラダの機能を正常に維持できなくなった状態のことだ。

夏になると「パチンコをしている間、車内に残した子どもが熱中症で死亡」などというニュースがよく聞かれるが、熱中症は人間に限った病気ではない。最近では熱中症で動物病院に運び込まれるペットが後を絶たないらしい。

特にイヌは肉球以外に汗腺がなく、舌を出したり鼻から水分を出して体温を調節するしかないため、体内に熱がこもりやすい。暑さに比較的弱い動物なのだ。

仕事や買い物などに出かけるときに部屋を密閉状態にしてしまったり、「ちょっと」のつもりで車に残したまま買い物に出てしまったり、カンカンと日が照る中で運動させてしまったり……。飼い主のほんの少しの不注意が、愛犬を大変な目に遭わせることになる。

暑い時期になるとイヌが舌を出してハァハァしているのをよく見かけるが、熱中症にかかったイヌはその状態がもっとひどくなる。

ぐったりしてあえぐような呼吸をしながら大量のよだれをたらしていて、カラダに触ってみると熱く脈も早くなっていることがわかる。放っておくと死に至ることもあるため、早めの手当てが肝心だ。症状が軽いうちに発見した場合は、まず風通しのいい場所に運び、冷たい水を少しずつ飲ませるのと同時にカラダ全体に水をかけてやることだ。イヌが落ち着いても、その後は必ず動物病院に連れて行こう。

これに対して、発見が遅れ、すでに意識がなくなってしまった場合は水を飲ませることができないので、早急に動物病院で点滴を受けなければならない。

しかしだからといって、あわてて車に乗せたりしてはいけない。何の応急処置もしないまま連れていくと、途中で容態が悪化することもあるからだ。とにかく、体温を下げてやることが先決。やはりカラダにたっぷりの水をかけてやり、それから動物病院へ連れて行ったほうがいい。

大切な家族の一員の命を救えるのは飼い主だけ。応急手当ての方法を知っておくことはもちろんだが、まずそうならないよう気をつけてやりたいものだ。

脱水症状を見逃さない簡単な見分け方

炎天下で運動をして多量の汗をかいたりすると、人間は脱水症状を起こす。大人の場合はそれほどひどくはならないが、子どもは体重のほとんどを水分が占めているのが普通なので、水分補給を怠るとすぐに脱水症状を起こすことになって危険だ。

イヌも夏の暑い盛りに散歩をしたり、カンカン照りの中に鎖でつながれていたり下痢をしていたりすると脱水症状を起こすことがある。

そんなときは見た目にもぐったりとしていることが多いが、確実に見分ける方法を知っておくと便利だ。

それは、イヌの背中の皮を指でつまんで持ち上げてみること。引っ張った皮がすぐに元に戻れば大丈夫だが、なかなか戻らないようなら脱水症状を起こしていると考えられるのだ。

人間でも年をとると、うっかりうつぶせに寝た後にシーツの織り目の跡が額にくっきりついて恥ずかしい思いをすることがあるが、これも水分が少なくなって皮膚に弾力がなくなったからである。

脱水症状を起こしていたらまずイヌに水分を取らせることが必要だが、自分で飲めない場合はスポイトなどで少しずつ飲ませてやろう。熱中症の場合と同様に体温も上がっていることが多いので水をかけたり、それが無理なら濡れタオルでカラダを包んで体温を下げることなどを同時に行うといい。

応急処置が済んだら、必ず動物病院を受診することも大切。早く回復すれば、自分もホッとできるはずだ。

雌イヌの発情期を判断するチェック項目

雌イヌが性的に成熟して繁殖能力を持ち、雄に交尾を許す状態を発情という。小型犬であれば生後7～10カ月、中・大型犬では生後8～12カ月ごろには発情するようになる。

しかし、実際はカラダの面でも精神的な面でもまだまだ未熟なことが多いため、できれば初回の発情では繁殖をさせないほうがいい。

交尾自体も野良犬や放し飼いのイヌがいた昔と違い、今はたいていが「お見合い」によるものになった。タイミングを見計らって雌と雄を引き合わせる必要があるので、雌イヌがいつ発情するかを見分けるのは大切だ。

雌イヌは年2回程度、およそ6カ月サイクルで発情するが、発情が始まる前兆は外陰部が充血・肥大し、出血することだ。

この期間は約10日間程度あるが、無出血だったり雌イヌが自分で血をなめてしまったりすることもあるので、出血イコール発情前と考えていると見過ごしてしまうこともある。外陰部をしきりになめている様子があった場合は、出血していることも考えられるので注意してみよう。

そのほかにはオシッコが近くなったり、落ち着きがなくなったり、雄に興味を示すようになるなどの兆候を示す雌イヌもいる。出血がなく、排卵時期がはっきりしないようなら、動物病院で確認してもらったほうがいいだろう。

それにしても、自分で相手を選べないとは、なんとなくかわいそうな気がしないでもない。

確実に妊娠させるなら、このタイミングで

雌イヌの発情期前の兆候を見分けることができたとしても、それだけで妊娠が成功するわけではない。当たり前のことだが受精をしなければ妊娠は成立しないので、タイミングが重要になってくる。

一般的には、交配に適した時期は排卵直前だといわれている。その理由は、雌の卵子は数時間で死んでしまうが雄の精子は射精後2〜3日生きているということにある。

つまり、交配が排卵後に当たった場合は卵子が死んでいる可能性もあり、受精する確率が低くなるのである。

確実に妊娠させたいのなら、出血が終わりかけて薄いピンク色のおりものになった時期から3日以内に交配させればいいといわれている。これは、発情前の出血が始まった日から数えてだいたい12〜13日程度に当たる。

少し早めに交配させ、中1日置いて2回目の交配をさせることができれば確率はさらにアップするという。

しかし、出血がないイヌや出血している間に排卵してしまうイヌなどもいる。個体差があるので、出血から数える方法がすべてのイヌに当てはまるとは考えないほうがいいだろう。

膣の細胞を検査するスメア検査という方法もある。排卵時期がはっきりしないようなら、動物病院で確認してもらうことをおすすめする。

肥満度をチェックする3つのポイント

「最近、お腹がたるんできた」とか「ウエストラインがねぇ……」などと自分のカラダは鏡でチェックするけれども、愛犬の体形には無頓着という人も多いのではないだろうか。

「うちのイヌ、散歩を嫌がるようになったぞ。年かなぁ」と思っていたら、カラダが重くて嫌がっていたなどということもある。

肥満は人間の場合と同じようにイヌの健康にも大きな影響を及ぼす。イヌの寿命を縮めてしまうほど重大な問題なのである。飼い主の日ごろのチェックが大切だ。

チェックポイントは3つ。まず1つは体重が理想体重から15パーセント以上オーバーしていないかどうかだ。小イヌのときから肥満になるのではなく、肥満になるイヌは1歳を過ぎてからが多い。1歳前後の体重や犬種別・性別の理想的な体重を確認して、今の体重と比べてみるといいだろう。

2つ目は、イヌに直接触ったときに肋骨を感じることができるかどうかだ。イヌの背骨から脇腹に沿って両手の指をすべらせて確認する。このとき肋骨がどこにあるかわからないのはぜい肉が多い証拠である。

3つ目はイヌを上から見たとき、胴体にくびれがあるかどうかだ。ふつう、胸部と腹部の境目は少しくびれているもの。それがずん胴になっていたり、脇腹に肉がはみ出していたりするのは肥満だからである。

肥満だとウエストのくびれはなくなるし、お尻の肉が盛り上がったようになるのは、イヌも人間も同じである。

肥満ぎみだなと思ったら動物病院で正確に計ってもらい、どれくらいの肥満なのか調べてもらおう。そして、肥満解消のための適切な食事と適度な運動を心がけてやりたい。

太りすぎのイヌは動きが鈍くなり、歩いたり走ったりするのも大きな負担になる。散歩のときの歩くペースや運動量に注意しながら、少しずつ肥満を改善してやるようにしたい。

何より愛犬を肥満にしてしまったのは、飼い主の責任であることを忘れないでほしい。

ダイエットを成功させるコツ

人間同様、ダイエットの必要な肥満犬が増えている。栄養バランスの優れたドッグフードが増え、さらに人間から食べ物やおやつをもらい、栄養とカロリーが過剰になって太ってしまうのだ。

イヌにも糖尿病などの「成人病」が多くなっているが、そうならないために肥満ぎみのイヌは早いうちからダイエットしたい。ダイエット方法も人間と同じように、適度な食事と運動が基本である。まずは食事の量を減らすことが肝心だ。

たとえば、ダイエット効果を確実に出すためには現在与えている食事の量の約4割ほどの量を減らしたほうがいい。

しかし、いきなり4割も食事量が減ればイヌも不満だ。そこで1日の食事の量を少し減らして、それを3～6回に分けて与えるようにする。

1日の総量は減っても、それまでよりも食べる回数が増えればイヌの不満も抑えることができるはずだ。

それでもイヌが不満なようなら、肥満犬のためのカロリーが低いライト食や老犬用のシニア食を与えるといいだろう。

カロリーが少なめになっているので、たくさん食べても摂取するカロリー量を減らすことができるのだ。

そしていくら欲しがっても、おやつなどは絶対に与えないようにする。せっかくドッグフードでカロリーを抑えても、家族の誰かが食べ物を与えてしまっては元も子もない。

もちろん、食事を与える時間も規則正しくする。食べたがるときにあげるのではなく、毎日決まった時間に決まった量だけ食べさせるのが大切だ。

なお、肥満ぎみのイヌには、繊維質の多いキャベツを柔らかくゆでて食事に加えるのもいい。繊維質をきちんととることで便通がよくなり、肥満解消につながるのだ。運動のほうは、散歩の回数や時間を増やしてなるべく動かすようにするといいだろう。

イヌにとってもダイエットはけっして楽ではないが、もともと食べることも運動することも大好きなのだから、それを上手に利用してイヌの健康管理に気をつけてあげたい。

イヌの体重の計り方と、肥満の目安

人間ならば、見ただけで太っているかどうかがだいたいわかるものだ。ところがイヌの場合はどうだろう。極端に太っているイヌを除けば、どんな体格をしているかはなかなかわからない。

イヌが肥満かどうかのチェックポイントは前述したとおりだが、ダイエットをしたほうがいいかどうかを正確に判断するためには、やはりイヌの体重がどれくらいあるのかを知らなければならない。

イヌの体重を調べるには、飼い主がイヌを抱いたままヘルスメーターに乗り、その体重から飼い主の体重を引けばいい。抱きあげることができない大型犬の場合は、動物病院で計ってもらうようにする。

純血種の場合は、獣医さんに聞いたり専門書などで調べれば理想的な体重を知ることができるので、それと比べて太っていないかどうかを判断する。また雑種の場合は、胸の部分に触れたときに指先で肋骨がわかるくらいだと理想的な体型だといえる。しかし、これもイヌによって差があるので、迷うようなら獣医さんに太りぎみではないかどうかを判断してもらうほうが確実だ。

目安としては、標準体重を10パーセント超えたら肥満の始まりで、15パーセントになったら立派な肥満ということになる。さらにはイヌの体重が2キロ増えたら、それは人間にとって10キロ増えることに相当する。1日も早くダイエットを開始したい。

とはいえ、人間同様イヌのダイエットも時間がかかる。たとえば理想体重を15〜20パーセント超えたイヌが理想体重になるには5〜7週間、30〜50パーセント超えた場合だと11〜13週間はかかるといわれる。

人間もそうだが、ダイエットに即効性はない。時間をかけて、じっくりと体重を減らすようにしたい。

イヌの貧血は、ここで判断する

貧血のときの辛さは当人でなければわからない。血の気が失せて、頭がボンヤリしてカラダにも力が入らなくなる。貧血ぐらい、と軽く考えがちだが、ときには重大な病気の前兆だったり体調が悪いことのサインでもある。けっして軽く考えてはいけないものだ。

ところがこの貧血、人間と同じように実はイヌにもある。ただしイヌの場合は、人間のように顔色ではわからない。その行動で判断するしかないのだ。

たとえば、散歩の途中でさっきまで元気に歩いていたイヌが急に座り込んでしまったら、貧血ではないかと疑ってみたほうがいい。

人間の場合でも貧血を起こすとついその場にしゃがみ込んだり倒れたりするものだが、イヌも同じように貧血を起こすと歩くことができなくなって座り込んでしまうのだ。

その場合は、まず歯茎の色を見てみる。いつもはピンクのはずの歯茎だが、それが極端に白くなっていたら貧血だと思っていいだろう。

もともと歯茎が青紫色をしているチャウチャウ犬などの場合は、歯茎ではなく、瞼をめくってみる。もしも貧血なら結膜が真っ白になっているはずだ。

イヌの貧血の原因は、まず、もともと貧血ぎみの体質であるイヌの場合もあるが、病気の場合は慢性腎不全の恐れもある。

また、食事のときにタマネギや長ネギを食べたことが原因の場合もある。というのも、タマネギや長ネギなどのネギ類の中に含まれているアルカロイドという物質がイヌの貧血、下痢、嘔吐などを引き起こすことがあるのだ。

食べてもあまり症状が出ないイヌもいるが、なかには体質的に少量のアルカロイドでもこれらの症状が出て死亡してしまうイヌもいるのでタマネギや長ネギは食べさせないようにしたほうがいい。

貧血を何度も繰り返すイヌは早死にすることもある。少しでも長くイヌと付き合いたいなら、病院で検査を受けたほうがいい。

歯が痛いイヌは、仕草でわかる

イヌに限らず人間だって食べることは楽しみのひとつだ。だから、口の中をいつも健康に保つことは、人生を左右するくらい重要だといっていい。

歯痛は苦痛なだけではなく、食べる楽しみが半減して心身ともに衰弱してしまう。早急に治療をする必要があるのはイヌも人間も同じだ。

といってもイヌは「歯が痛い」とは言ってくれない。だからいくつかの仕草から歯痛を判断して、人間が見分けるしかないのだ。

たとえば、噛む力が弱くて口から食べ物をこぼしていないか。口の左右どちらか片側だけで噛んでいないか。こんなようすを見せたときは歯の痛みを感じている可能性がある。

また、食べ物を欲しがっているのに目の前に出されても食べようとしないのも、やはり歯痛が原因かもしれない。そうかと思えば、歯が痛いために前足を口に当てていることもあるが、こんな仕草は要注意だ。あるいはいつもとは違う口臭があれば、やはり歯痛を疑う必要がある。

ところで、イヌは歯石や歯垢がたまることで歯肉炎や智歯《ちし》（親知らず）周囲炎、歯槽膿漏、歯根炎などの病気になって歯痛を起こす。イヌは歯磨きをしないので、これらの病気が原因の歯痛は実は人間よりも多いのだ。

歯痛に気づかないで放置していると歯が抜けたり、アゴの骨が溶けて顔が変形するといったことも起こる。

まともに食事ができないために内臓に負担がかかり、臓器に悪影響が出ることもあるのだ。

好きなものを思う存分食べさせてあげるだけでなく、イヌの健康のためにも、ふ

だんから歯磨きをして歯の健康に気を使ってやることが大切だ。

しつこい便秘を解消する、この奥の手

便秘の苦しみは経験した人でなければわからない。

それはイヌも同じことだ。散歩に行ってもウンチをしないことが続くようなら、なんとかして便秘を解消してあげなければならない。

便秘の原因として多いのは、やはり食生活だ。消化の悪いものを食べていないか、繊維質のあるものを食べさせているかなどをよく振り返ってみる必要がある。

水を飲む量が少ないことが便秘の原因になることもある。ちゃんと水を飲んでいるか注意したほうがいい。

また、引っ越しなどで生活環境が変わったり、騒音が激しいところで生活するようになると便秘になるイヌもいる。飼い主の都合で散歩に行けない日が続くと、運動不足から便秘になることもあるのだ。

また、巨大結腸症などの病気が原因ということもあるので、あまりしつこいよう

なら病院で診察を受けたほうがいいだろう。

さらに、年をとることで便意がなくなることもある。これは判断が難しいが、体力が衰えた老犬が便秘になった場合は、1日に1回、先端にベビーオイルを塗った綿棒や体温計などの細いものを肛門に2、3センチほど差し込み、その周囲を刺激してみる。これがもとで便意を催すことがある。

老犬でなくても、この方法で便意がよみがえることがあるので、原因がはっきりしない便秘のときは一度試してみたほうがいいだろう。

イヌの白内障を予防する効果的な方法

人間と同じように、イヌも加齢とともにいろいろな病気を発症するようになる。腫瘍や糖尿病などは必ずかかるわけではないが、個体差があるもののかかる確率が高いものに白内障がある。

白内障は黒目の後ろ側にある透明な水晶体という部分が白く濁ってくる病気だ。水晶体はレンズの役割をするものなので、ここが白く濁ってくることによって視力が少しずつ低下していくことになる。

早ければ5～6歳ごろから症状が見られるが、そのほか糖尿病の合併症や傷を受けたことによって起こることもある。

初期は日常の生活に問題が出ることもなく、イヌの目に光が当たると瞳孔《どうこう》の奥のほうが少し白っぽく見える程度なので、飼い主も見落としがちだ。

そのうち、家具にぶつかったりソファに上れなくなったりしてようやく「おかしい」と気づくが、そのころにはすでに愛犬の目の中は誰の目から見てもハッキリと白く濁ってしまっている。

そんな白内障に効果があるのが「白内障進行防止剤」という点眼薬だ。5～6歳ごろの軽度の白内障のうちから使うことで、水晶体が白く濁ることを抑える働きがあるといわれている。

もちろん、その前に動物病院で診察を受け、薬の使用についての相談をしておくことが必要だ。

「ウチのイヌはまだまだ元気」と思っても、5～6歳くらいになったら、動物病院で目の検査をしてもらったほうがよさそうだ。

家庭でできる病気予防のワン、2、3！

人間なら自分で健康管理ができるが、イヌは自分で「具合が悪い」と言えないし「医者に行こう」とも思わない。それだけに、日ごろからよく愛犬の様子を観察しておくことが大切だ。症状が軽いうちに発見できれば、治すのに時間もかからずイヌも辛い思いをしなくてすむ。

しかし、そもそも病気にかからないようにしてやることができれば、それに越したことはないだろう。

ポイントは①伝染病などの予防接種をきちんと受けさせること、②フィラリア症やダニ・ノミなどの寄生虫病を予防すること、③栄養のバランスがいい食事と歯のケア、④定期的な健康診断の4つだ。

イヌの伝染病予防には生後2カ月、3カ月の時点で1回ずつの予防接種、あとは病院によってまちまちだが追加接種をおよそ1年に1回受けることが必要だ。また蚊が媒体となるフィラリア症は、蚊が発生する期間中は1カ月に1回の注射などをして予防する必要がある。

これを怠ると、たとえば狂犬病やジステンパー、パルボウイルス感染症などの死に至る危険な病気にかかったり、フィラリア症を発症して心臓に障害を起こし死んでしまうこともある。また死ぬわけではないが、アレルギー性皮膚炎の元となるダニ・ノミ予防も大切だ。

食事の面では、脂肪や塩分の多い人間の食べ物を与えるとイヌが肥満になったり腎臓障害を起こすこともあるので、良質のドッグフードを与えよう。食べた後は人間と同じように歯磨きをする習慣をつけないと虫歯や歯周病になる確率が高くなるので、デンタルケアも欠かせない。

健康診断も年に1～2回は受けておきたいものだ。「元気なんだから必要ない」と思われがちだが、定期的に獣医の診察を受けることで飼い主の気づかない異常をいち早く発見してもらえる可能性が高くなるし、年相応の日常生活についての注意点などを確認することもできる。

時間も費用もかかることではあるが、イヌを飼うことは命を預かること。いつまでも一緒にいられるよう、できるだけのことをしてやりたいものである。

愛犬を糖尿病で苦しめないための予防法

糖尿病はすい臓から分泌されるインシュリンというホルモンが不足することによって起こる病気で、人間だけでなくイヌにも見られる。

インシュリンは血液中のブドウ糖を細胞の中に取り込んだり、体内で脂肪やたんぱく質を作る働きをするホルモンだ。インシュリンが不足すると血液中の糖が取り込まれずに増えてしまい、尿と一緒に排出されることからこの名前がついた。

かかりやすい犬種はゴールデン・レトリバー、ラブラドール・レトリバー、サモ

エド、ダックスフントなど。雄より雌に多く見られる病気で、だいたい7～9歳程度で発症することが多い。腎不全や白内障などの合併症を併発することもあり、そうなると治療も難しくなるので、早めに発見することが肝心だ。

早期発見のポイントは、多量の水を飲んでたくさんオシッコをしていないか、食べ過ぎていないかなどをチェックすること。特に症状が進んでしまっていると、食べているにもかかわらずやせてくる場合もあるので注意が必要だ。

また予防のためには肥満を防ぐことが大切となる。

糖尿病にはインシュリンの量が不足する「インシュリン依存性糖尿病」とインシュリンの量は問題ないが作用が弱まる「インシュリン非依存性糖尿病」とがあるが、食べすぎによってインシュリンの分泌が間に合わなくなり、発症を促進することがあるからだ。

人間では多くの場合中年以降に発症する「インシュリン非依存性糖尿病」だが、イヌの場合はほとんどが「インシュリン依存性糖尿病」であるといわれ、発症するとインシュリンの注射が必要になってしまい、飼い主にもイヌにも負担がかかる。

愛犬を糖尿病から守るには、日ごろからの観察とヘルシーな食生活が不可欠なのである。

予防接種前後に気をつけておくべきこと

人間がポリオ、３種混合、日本脳炎などさまざまな予防接種を受けるように、イヌも予防接種が必要だ。それによって狂犬病、ジステンパー、パルボウイルス感染症など伝染力が強く、感染すると死に至る病気を防ぐことができる。

人間の予防接種と異なる点は、定期的に予防接種を受けないとその効果がなくなってしまうことだ。そのため、子イヌのときに２回、その後は病院にもよるがおおよそ年に一度は接種を受ける必要がある。

ただ予防接種とはその病気の原因となるウイルスを弱い形にして体内に入れ、それに対する免疫をつけるというものなので、接種を受けるときは熱が高くなく体調がいいときを選んで行わないと逆に具合が悪くなることがある。

また寄生虫がいると予防ワクチンの効果が十分に発揮されないこともあるので、あらかじめ動物病院で糞便検査をしてもらったほうがいいだろう。

予防接種をした当日はシャンプーなどを避け、なるべく安静にしていること。接種の影響で熱が出たりアレルギー反応を起こすイヌもいるので、飼い主にいつでも動物病院に連絡・相談できる余裕があることも大切だ。

さらに初めてワクチンを接種したときは免疫効果が得られるまでに通常1～2週間かかるため、この間は予防接種をしているかどうかわからないイヌとの接触は避けたほうが賢明である。そしてバランスのいい栄養を与え、ストレスをかけないようにしてやろう。

予防注射の針を刺しても人間ほどは嫌がる素振りを見せないイヌもいるが、だからといってカラダの反応が鈍感なわけではない。予防接種後はいつもより愛犬の様子に注意しておいたほうがよさそうだ。

望まない妊娠を回避する最後の手段

ネコは交尾すると排卵が起こり、ほぼ100パーセント妊娠する「交尾排卵」だが、イヌは人間と同じように排卵が起こっているときに交尾をすれば妊娠の可能性が高くなる「自然排卵」だ。

1年に約2回の生理の後が発情期となり、この期間はおよそ1週間から10日といわれている。ここで妊娠しなければ、また次の発情期が来るまで妊娠することはない。

近ごろでは野良イヌはほとんど見かけなくなり、純血犬も増えているため、その点で言うとイヌ同士が勝手に交尾するようなことはあまりないといっていい。

相手となるイヌに遺伝疾患がないかどうか、見た目はよいか、性格はよさそうかなどを飼い主がよく吟味し、雄イヌのところに雌イヌを連れて行くのが一般的なようである。

それでも庭で雌イヌを飼っているような場合は、その発情したフェロモンに誘われて脱走してきた雄イヌと交尾してしまうということがないとは言えない。

気づかずにあらかじめ交配が決まっていた別の雄イヌとも交尾したりすると、生まれた子イヌのうち何匹かは正式な交配をした雄イヌに似ているが、ほかは「なんでこんな色？」というような子イヌだったりして驚く飼い主もいるようだ。

同期複妊娠といって一度目の交尾ですべての卵子が受精しなかった場合に起こる。つまり、違う雄イヌの子どもを同時に出産するわけだ。

しかし、そんなことを防ぐ方法がないわけではない。

交配後3日以内であれば、妊娠させないようにすることができるのだ。これはエストラジオールという女性ホルモンを注射するもので、この女性ホルモンには受精卵を着床させないようにする働きがある。

飼い主として望まない妊娠の可能性がある交尾を発見したときは、すぐに動物病院で相談してみよう。

ただしホルモン剤は必ず副作用があるので、その点もしっかり確認しておくようにしたい。

妊娠中に飼い主が心がけておくこと

かわいがっているイヌのお腹に赤ちゃんができたら、まるで我が子が産まれてくるかのようにうれしいものだ。待ち遠しく思う飼い主も多いだろう。名前を考えて、出産の準備をして……などと大騒ぎする人がいても不思議ではない。

ところで、イヌの平均的な妊娠期間は約63日間。ただし、35日目くらいまではお腹が大きくなったり乳首が張ってくるような兆候は見られない。そのため飼い主の中には気づかない人もいる。

しかしイヌの中にはつわりを経験するイヌもいる。だいたい20日目ころから食欲にムラが出てきたり、吐き気を催したりする。この様子を見て妊娠に気づく飼い主も多いらしい。

28日が経過するころには、お腹を触ると子宮のあたりに胎児がいるのがわかるようになる。まだピンポン玉くらいの大きさだが、たしかに何匹かを確認することができるのだ。

もちろん、人間と同じように超音波診断するとお腹の中にその影をはっきりと確

食事は
分けて
初めの
3週間は
安静…
軽い
運動
入浴はNG！

認することができる。

乳が張ってくるのは49日目ころから。乳腺が充血してきて56日目が過ぎると、乳首から水のような分泌物が出るようになる。母乳を飲ませる準備ができたということになる。

見た目もうすっかり妊婦という感じで腹部が大きくなり、歩いてる姿を見ても重心がとりにくいのがひと目でわかる。動きが鈍くなるので、運動量が減って横たわっていることが多くなる。そしていよいよ出産を迎えることになる。

これらの経過の中で、飼い主が特に注意しなければならないのは妊娠期間2カ月のうちの最初の3週間だ。この時期は流産しやすいので、常に安静にさせるように気を配り、食事は数回に分けて少しずつ与えるようにする。また運動不足になりがちなので、軽い散歩などをさせることも必要だ。

なお、入浴はしばらくは辛抱しなければならない。もちろん強い衝撃を与えないように気をつけて、飼い主のほうもなるべく静かに見守ってあげるようにする。

イヌにとっても出産は大変な経験だ。飼い主も最善を尽くし、無事に出産させてあげるようにしよう。

良い動物病院を見分けるチェックポイント

飼い主にとって、愛犬は大切なパートナーだ。自分とともに幸せな一生を送り、少しでも長くそばにいてほしいと願わない飼い主はいないだろう。

そのためには、イヌが元気なうちからかかりつけの動物病院を探しておくことが必要である。

病院探しでおすすめの方法は、健康診断やフィラリアなどの予防注射という名目で動物病院を訪れ、獣医の態度や説明の仕方、病院の設備などについてそれとなく確認することだ。

病院の評判はある程度ご近所やイヌの散歩で出会った人との情報交換でも知ることができるが、獣医との相性は人それぞれ違う。いざというとき治療方針を決めるのでも、獣医に対してなかなか希望を伝えにくかったりしては治療そのものにも差し障りが出かねない。

それ以外には、細かい質問にも答えてくれるかどうかや納得できる料金かどうかも大切なチェックポイントだろう。

人間でもそうだが、病気や検査のことだけでなく日常生活の注意点などまで指導してくれるようなところは評価できる病院といえる。

逆に人間の病院とは異なり、動物病院は法律上サービス業に分類されていて自由な価格競争が認められているため、料金はそれぞれの病院で異なる。「金に糸目をつけない」といえるような身分でもなければ、治療を始める前に料金を明確に示してくれる病院かどうかも見極めておきたいところだ。

かわいい愛犬のため、飼い主は手間とヒマをかけて病院選びをしたいものである。

スムーズに診察してもらうコツ

人間の場合、具合が悪くなると一番気になる症状以外にもいろいろなことを伝えようとする。たとえば熱があるときでも同時に背中が重いとか関節が痛いとか、鼻水も出るなどというふうに付随する症状を説明できるわけだ。

しかし、イヌとなると話が違う。具合が悪くなっても、自分で症状を説明することはできない。だから、吐いたり下痢したりと目に見える異常があって初めて飼い主はイヌの調子がおかしいことに気づく。

そこで「じゃあ病院へ連れて行こう」ということになるわけだが、ただ連れて行っただけでは獣医さんが何もかもたちどころに解決してくれるわけではない。

獣医さんに上手にかかるコツの1つ目はイヌの状態をできるだけ詳しく説明することだ。それにはふだんから愛犬の様子をよく見ておく必要がある。症状やいつから具合が悪くなったかなど以外に、ふだんとどう違うのかということも言えるとより診察の参考になるからだ。

2つ目はあらかじめ電話で予約して病状や年齢、これまでの病歴、予防接種歴などを伝えてから行くこと。そうすれば、獣医さん側では必要な検査事項について用意しておくことができるし、無駄な検査をしなくても済む。

そして3つ目は嘔吐物や下痢便、血の混じった便など、具合の悪さを示す具体的なものがあれば持参すること。獣医さんにとって、言葉による説明だけでなく目で見て確認できるものは診察するうえで役に立つものだ。

スムーズに診察してもらえば、それだけ愛犬も楽になる。いつ愛犬の具合が悪くなっても素早く対処できるよう、飼い主は日ごろから愛犬に注意を払うべきだろう。

先天的な病気のないイヌ選びのポイント

イヌの選び方は人それぞれだが、雑誌やテレビに紹介されてブームになったイヌを買った人も少なくないだろう。

ところが人気犬種を選ぶときほど大きな落とし穴があるから気をつけたい。子イヌも飼ったばかりのときはとても活発で、病気などとは無縁のように思えるが、成犬になると遺伝的な病気にかかるイヌが増えているのだ。

すっかり家族の一員になったころに病気が発症するのだから、イヌにとっても飼い主にとっても悲劇としか言いようがない。

ペット業界といっても他の業界と同じようにしょせんはビジネスライク。需要があって高く売れる人気犬種ならいくらでも欲しがるのだ。

そうなると、本来なら対象にはならないような遺伝的な病気を持つイヌの子どもも商売の対象にしてしまう可能性がある。

また短期間で人気犬種を産ませるために近親交配も行われているといわれており、奇形や性質に問題のあるイヌも売られているのが現状なのだという。

人気犬種を飼うには血筋がわかる血統書付きの子イヌを選ぶ方法もあるが、できれば人気犬種でなくなってから飼うのが賢明だ。そのほうが長く一緒に暮らせるイヌとめぐり会うことができるだろう。

インターネットで健康管理するワザ

几帳面な人でもつい忘れてしまうのが愛犬の健康管理のスケジュール。時間があ

るからシャンプーでもしようかなと思ったとき「前に洗ってやったのはいつだっけ?」と覚えていなかったり、月に一度与えなければならない伝染病の予防薬を「しまった、忘れていた」ということもあるだろう。

愛犬の予定を前もってカレンダーや手帳に記しておくのも方法だが、ある裏ワザを使うとシャンプーの日から予防接種の日まで自動的に教えてくれる。

それはインターネットのイヌのホームページを活用する方法だ。一度「イヌ」や「ドッグ」で検索してみよう。かなりの数のホームページがヒットするはずだが、この中には「愛犬の健康日記」的なものも含まれている。

会員登録してIDアドレスをもらうと愛犬のスケジュールや、簡単な日記が書き込めるようになっているものもあり、あらかじめ入力しておいた予定日になると自動的に教えてくれるものもある。

これならわざわざ日記を買って手書きする必要もないし、イヌの日々の健康状態も書き込めて便利だ。それにもし愛犬が病気になっても日記の部分をプリントアウトして持っていけば、これまでの症状を獣医師に説明しやすいだろう。

ペットとの生活もIT時代に入っている。一度インターネットをのぞいてみれば、新しい発見があるはずだ。

健康に育つイヌを生まれた月で見極める㊙テク

イヌの出産は四季を問わない。そのため生まれた子イヌを1年中いつでも好きなときにペットとして手に入れることができる。

それでも家の外で大型犬を飼おうと思っているのなら、生まれた月にこだわるのが丈夫な成犬に育てるコツなのを知っているだろうか。

なぜかというと、秋に生まれた子イヌは冬の間にしっかりと成長することができるため、イヌが一番苦手な夏までに丈夫なカラダを作ることができるからだ。特に大型犬で毛の長い犬種ほど冬の間に幼年期を過ごさせたい。

家の外で飼っているイヌは涼しい場所にイヌ小屋を置いてやっても、真夏の昼間はかわいそうなほど「ハアハア」と荒い息をして暑がり、食欲も落ちてしまう。これが子イヌだったらカラダを弱めてしまうことにもなりかねない。大型犬にとって太陽がギラギラ光る夏は辛いシーズンなのである。

この逆に小型犬を室内で飼うのなら春生まれの方がいいだろう。初めて迎える夏は飼い主と一緒にクーラーの入った部屋でのんびり過ごし、冬までの間に十分に成長できるからだ。

もちろん冬は冬で暖房が利いた部屋にいられるが、真冬の寒さが生まれたての小型犬にとっては身に染みるうえ、場合によっては体調を崩す原因になってしまいかねない。

過ごしやすいシーズンに十分成長させることが、丈夫な成犬に育てるポイントなのである。

トラブル知らずのドッグラン快適利用術

イヌの健康を考えるならストレス解消にも気を配りたいところ。なにしろイヌは毎日家の中に閉じこめられていたり、外で飼われていても鎖につながれているのでストレスを溜めている。

そこで愛犬のストレス発散のために積極的に利用したいのが「ドッグラン」。ドッグランとはリードなしでイヌが自由に走り回れるようにした屋外施設のことで、最近のペットブームに乗って新規にオープンするところも増えてきた。

たとえば、都市部の公園の一角にあったりするが、イヌにとってはまさに〝公園デビュー〟だろう。ただここでは大型犬も小型犬も一緒に走り回っているだけに、飼い主もそれなりに気をつける必要がある。

ドッグランを快適に利用するにはちょっとしたコツがあるのだ。それはドッグランに入ってもすぐにイヌのリードをはずさないこと。

愛犬は仲間が自由に走り回っているのを見て興奮しているから、まず気持ちを落ち着かせてやろう。少なくとも最初の5分間はリードをつけたまま愛犬とゆっくり歩きながら他のイヌと接触させたほうがいい。

また、リードをはずしてからも「マテ」や「オスワリ」の命令をして、イヌにある程度の緊張感を持たせておくことを心がけたい。

なにもしないでいるとイヌは好き勝手に振る舞い、場合によっては他のイヌを噛んだりすることも考えられる。楽しいはずのドッグランがトラブルの原因にならないようにしたいものである。

●参考文献

「犬のカウンセリング（ブルース・フォーグス）」（日高敏隆監修／八坂書房）
「だれでも飼える・しつけられる　犬なんでも110番」（青木貢一監修／主婦の友社）
「老犬とどう暮らすか　幸せな関係と介護の知恵」（林良博／光文社）
「犬の健康ガイド」（リチャード・H・ピトケアン／青木多香子訳／中央アート出版社）
「伊東家も知らない！　裏ワザ100連発」（生活の知恵研究会／衆芸社）
「いぬ・ねこ愛育許可書〜ポッポ先生の動物病院日記」（塩田眞／リヨン社）
「イヌに遊んでもらう本」（博学こだわり倶楽部〔編〕／河出書房新社）
「愛犬の困ったクセや性格を直す本」（中村信孝／ナツメ社）
「かわいい小型犬　2003 vol 35」（フロム出版）
「ベストライフ　犬のお医者さん」（石田卓夫／講談社）
「必ず直せる愛犬のトラブル　あきらめないで！」（渡辺格・古銭正彦／新星出版社）
「初めての人の犬のしつけと飼い方」（小暮規夫・石川祥子／西東社）
「室内犬の飼い方としつけ」（中澤秀章監修／成美堂出版）
「愛犬を長生きさせる本」（吉池渡／大泉書店）
「柴犬の育て方・しつけ方」（河井英樹監修／ナツメ社）
「この犬が一番」（富澤勝／草思社）
「犬のお医者さん」（小暮規夫／主婦と生活社）
「愛犬の病気と気になる症状」（百瀬典永／ナツメ社）
「今すぐ犬と暮らしたい」（ミスターパートナー）
「犬を最高の友にするヨーロッパ式訓練」（渡辺格／実業之日本社）
「犬と楽しく付き合う本」（利岡裕子／三笠書房）

「犬が訴える幸せな生活」（林良博／光文社）
「イヌは飼い主に似る」（利岡裕子／三笠書房）
「犬の気持と行動が分かる本」（小暮規夫監修／西東社）
「犬を飼う知恵」（平岩米吉／築地書館）
「飼い主が知らないドッグフードの中身」（池田泰人、阪井伸一、片岡永久／メタモル出版）
「ペットフードにご用心」（押川亮一／JICC出版局）
「動物は身近なお医者さん」（（社）日本動物病院福祉協会／廣済堂出版）
「症状と病名でひける愛犬の病気事典」（小方宗次／成美堂出版）
「愛犬のトラブル100　必ず直せるしつけ方」（小林豊和、藤原良巳、渡辺格／新星出版社）、ほか

〈ホーム・ページ〉

犬種図鑑、Healthy1、楽天市場　総合病院ペットセンター名越、三越ホームページ、ホームマック、総合ペット村バンビ、北森ペット病院、ひまわり動物病院、Mainichi　INTERACTIVE、mypetstop.com、Pet　Journal、三共ライフテック、ANIMAL　KIDS、PET　DAISUKI、ヴァーナルホームページ、サイトウ病院、@Wan!s　direct、ドッグスクール穂積、PETOFFICE、ペットの缶詰、宇治動物病院、金町アニマルクリニック、九州ペットフード、AIN　ANIMAL　HOSPITAL、DOG　SIDE　NETWORK、P‐WELL、高橋犬猫病院、国分寺動物病院、BS‐i、日本ベェツグループ、日本ペットフード、須崎動物病院、にほんまつ動物病院、ALL　About　Japan、日本海新聞NEWS、PETIO　PLAZA、花王ペットケア、みのしまクリニック、予防接種Q&A、ペットの里、リリーのひとりごと、Myuri犬生活向上委員会、ほか

青春文庫

イヌが喜《よろこ》ぶ106の裏《うら》ワザ

2004年1月20日　第1刷
2009年6月5日　第4刷

編　　者　ペット生活向上《せいかつこうじょう》委《い》員会《いんかい》

発 行 者　小 澤 源 太 郎

責任編集　株式会社プライム涌光

発 行 所　株式会社青 春 出 版 社

〒162-0056　東京都新宿区若松町 12-1
電話 03-3203-2850（編集部）
　　 03-3207-1916（営業部）
振替番号　00190-7-98602

印刷／共同印刷
製本／フォーネット社
ISBN 4-413-09283-X

Ⓒ pet seikatsu koujouiinkai 2004 Printed in Japan

本書の内容の一部あるいは全部を無断で複写（コピー）することは
著作権法上認められている場合を除き、禁じられています。

ほんとうのあなたに出逢う ◆ 青春文庫

ついその先が聞きたくなる！
話題の引き出し
盛り上げるネタ、引きつけるネタ、うならせるネタ…ここ一番で効いてくる、魔法の雑学ノート
知的生活追跡班〔編〕
552円
(SE-270)

知られざる日本史
あの人の「幕引き」
彼らを待ちうけていた意外な運命とは
箱館へ向かった土方歳三の心中、西軍を裏切った小早川秀秋の最期とは…歴史の顛末に迫る！
歴史の謎研究会〔編〕
552円
(SE-271)

47都道府県人の謎と不思議
「県民性」知られたくないホントの話
「ア～あるある！」と思わず手を打つおもしろ県民行動学
ハイパープレス
571円
(SE-272)

もう二度と話せない恐怖実話
いまも消えない〝闇〟の傷跡
どうしてあんなことが起きたんだろう…体験者がはじめて打ち明けた本当にあった怪異譚
朝業るみ子
543円
(SE-273)

面白い奴ほど仕事人間

自分で自分を生きよう

人生は「好きなこと」を探すためにある！新しい知恵や発想を生み出す、本当の武器を持った人間の秘訣。

田原総一朗

552円

(SE-274)

日本史を動かした意外な「誤算」

敗北か、勝利か。生か、死か…。時代の寵児たちの運命を隔てたその一瞬に迫る

中江克己

543円

(SE-275)

お役にたてないヘンな雑学

人生の大問題に取り組む前に245のこの大疑問

インドの赤ちゃんは離乳食もやっぱりカレー？

雑学博士協会〔編〕

648円

(SE-276)

大人の常識が試される「日本人」検定ドリル

日本語、しきたり、文化、歴史…あなたの「日本人度」をチェックする選りすぐりの200問！

日本人検定委員会〔編〕

543円

(SE-277)

スチュワーデスが教える
海外旅行㊙裏ワザ読本
ホントは内緒にしたかった、
新常識&新情報！
心ゆくまでお世話します！
トラベル情報研究会〔編〕
524円
(SE-278)

幹《みき》になる男 幹《みき》を支える男
この「絆」が歴史を動かした
「この人のためなら」と
思わせる名将たちの
人望と人脈17の法則
童門冬二
571円
(SE-279)

そういう裏があったのか!!
聞くに聞けない世間のカラクリ厳選222
特別天然記念物のマリモが、
どうして土産物屋で
売っている？
雑学博士協会〔編〕
648円
(SE-280)

知れば知るほど好きになる！
イヌの大疑問
オシッコするとき、片足を
あげるのはなぜ？
ペット生活向上委員会〔編〕
524円
(SE-281)

ほんとうのあなたに出逢う ◆ 青春文庫

その道のプロが教える【裏ワザ】㊎読本

やっぱりその手があったのか！

誰も教えてくれなかった、価千「金」の最新ワザを一挙公開！

知的生活追跡班〔編〕

543円
（SE-282）

イヌが喜ぶ106の裏ワザ

しつけ・お手入れ・健康管理…「こんなとき、どうするの？」をズバリ解決！

ペット生活向上委員会〔編〕

524円
（SE-283）

世界で一番おもしろい漢字の本

他人《ひと》に話したくなる462の秘密

懇ろ、直走る、海象、団栗、石見…が読めますか？教養としておさえておきたい決定版！

話題の達人倶楽部〔編〕

543円
（SE-284）

10年後の自分が見えるヤツ 1年後の自分も見えないヤツ

キミの人生をデザインするのはキミ自身だ なりたい自分になる12の条件

落合信彦

571円
（SE-285）

※価格表示は本体価格です。（消費税が別途加算されます）

ホームページのご案内

青春出版社ホームページ

読んで役に立つ書籍・雑誌の情報が満載！

オンラインで
書籍の検索と購入ができます

青春出版社の新刊本と話題の既刊本を
表紙画像つきで紹介。
ジャンル、書名、著者名、フリーワードだけでなく、
新聞広告、書評などからも検索できます。
また、"でる単"でおなじみの学習参考書から、
雑誌「BIG tomorrow」「美人計画 HARuMO」「別冊」の
最新号とバックナンバー、
ビデオ、カセットまで、すべて紹介。
オンライン・ショッピングで、
24時間いつでも簡単に購入できます。

http://www.seishun.co.jp/